科学技术史与文化哲思

REN DE YANSHEN

人的延伸

——技术通史

胡翌霖◎著

上海教育出版社
SHANGHAI EDUCATIONAL
PUBLISHING HOUSE

导言

我从2018年起在清华大学开设了《技术通史》本科生通识课，这本书改编自这门课程的讲义。课程总共十五周，但在撰写书稿时我有所筛选，重新选定了十五项关键技术作为主题，并不与实际课程严格对应。

我正在撰写一部更丰富和完整的技术史著作，但在此之前，作为一个阶段性成果，我想先把这部略显单薄但相对精炼的小书推出来，投石问路、抛砖引玉。

本书仍然被命名为“通史”，因为我并不只是在古往今来无数技术发明中抽取了零星碎片来展示，而是试图围绕若干核心技术发明及其影响，勾勒出某种整体的历史线索，最终指向一个问题：今日的这个“技术时代”是从哪里来的？

“技术”已经成为现时代的主宰者，小到衣食住行，大到国际局势，技术支配着一切。但我们对于这一命运的来龙去脉仍缺乏理解。

当我们要了解一个国王的性格时，追究其成长之历程或过往之事迹是有益的，每一个人当下的能力与性格，无非都是在成长过程中一步一步成型的。

但是，如果让国王最忠诚的臣子来撰写国王的历史，往往就会偏向于歌功颂德，对光辉的功绩施以浓墨重彩，但又忽略了各种复杂的背景，这样梳理出来的功勋史，只能强化令人对国王的臣服，却难以启发人们去深入理解国王的性情。

科学史学科的缔造者乔治·萨顿也把书写人类的历史比作给一个人写传记，认为追溯历史好比是记述过去。

当然，缅怀过去峥嵘岁月，历数国王的功勋和成绩，在臣民面前夸耀一番，也是有教育意义的。科学史和技术史也是如此，在较早时它们经常被叙述为伟大的功勋史，侧重于记录科学家和发明家一项又一项伟大的贡献，以劝导民众崇拜科技、顺从科技。

但随着科技史学科的成熟，越来越多的作品由专业科学史家撰写，他们写作的立场和态度已经有所变化。倒不是说他们非要对当今的"国王"表示不满，而是说史学家需要采取一种更加中立的立场。我们追问历史，最终是为了理解当下。

我之所以要写技术通史，不只是为了歌颂技术及其发明者，而是为了追究技术之主宰地位的来龙去脉，因此在适当讲述发明者的功绩之外，更关心技术的发明和演化对于人类文化、观念和社会的影响。

这种技术史仍然要关心各种技术最初被发明的时代，但并不是为了给发明者标示功勋，而是为了追溯技术所造成的影响的根源。最终，技术的影响沉淀在我们生活世界的方方面面，成为当代人习以为常的环境。因为这些影响已经尘埃落定，我们往往见怪不怪，甚至视而不见了。而通过历史追溯，我们回到每一种技术刚刚发明之时，就更容易看清它们究竟带来了哪些改变。

我将以从石器到互联网这一系列案例为线索，追溯技术史与文化史、观念史和社会史之前的关联。在技术发明的事实性知识方面，我在很大程度上参考了英文维基等公共的、基础性的资料来源，这些公共知识不再详细注明出处。本书更具个性的部分是穿插于史料知识之间的思考与解读。

目录

第一讲 石器

1. 人的起源

人是什么？有人把人类定义为“制造和使用工具的动物”，在这个意义上，人类与技术同源。

当然，许多动物也会使用工具，甚至会在一定程度上制作工具，例如黑猩猩会削平树枝用来钓蚂蚁吃（图 1.1）。但我们仍然可以把技术创造看作人类的“特长”。

图 1.1 黑猩猩用树枝钓蚂蚁吃

从生物学上讲，我们属于人科、人属、智人种。人科动物最早出现于 500 万到 800 万年以前，以直立行走为标志。而人属动物出现于约 250 万年之前（或许更早），标志是制造工具。智人种则形成于大约 25 万年以前。

人为什么会直立行走，至今尚无定论，无非是为了适应特定的生存环境吧，可能是为了看得远，或者是为了跑得快。但从结果来说，直立行走的确“解放了双手”，使得人类有可能发展出更丰富的技术活动。

除了解放双手之外，直立行走还伴随着一个副作用，就是身体构造的改变导致人类女性的难产现象。为了适应直立行走，人类的骨盆变窄变扁，使得女性在生育时遭受额外的痛苦。而随着之后人类大脑的变大，难产现象越来越显著。直到公元2000年前后，全球的孕产妇死亡率（因难产或产后感染等原因在生育前后死亡）仍高达千分之几，在欠发达地区甚至超过百分之一。

有人把人类新生儿和成年人的体重比例，与其他灵长类近亲相比较，发现人类新生儿体重偏轻，从而提出“早产儿假说”——为了在便于行走与便于生育之间达成平衡，每个人都是“早产儿”，都是在尚未发育完整的情况下降生的。

的确如此，相对于其他哺乳动物而言，人类的“幼崽”显得尤为孱弱无能。除了在出生时之外，他们的整个发育期都相对缓慢。由于有特别漫长的发育期和青春期，他们在很长时间内都需要长辈无微不至地呵护，直到十几岁才拥有生育能力，十八岁以后才算得上真正成熟。

另一方面，人类也拥有独一无二的老年时期，妇女在绝经之后仍拥有很长的寿命，这种现象在其他野生哺乳动物中极为罕见，只有在人工饲养的条件下一些动物会活到绝经之后。尽管远古人类平均寿命极短，但很大程度上是因为难产和早夭的拖累，如果一位妇女能够熬过更年期，她就很有可能再活二十来年。因此在整个原始部落中，总会有一部分长老存在。

以“自私的基因”的逻辑来看，没有生育能力却又要与同类“争夺”粮食的时期似乎该越短越好，因为这一时期的人因为孱弱和衰老，非但没有生育后代的能力，反而还需要其他社会成员去供养。那么老人与幼童能够带来何种进化优势，以抵消他们的消耗呢？

又有人提出了“祖母假说”来解释这一现象：祖母的存在虽然不能继续繁衍后代，但能够帮助已经繁衍的后代更好地成长。那么，她是如何帮助已有的后代的呢？

当然，老人可以帮忙“带孩子”，照顾孱弱的幼童慢慢成长，但问题是幼童为什么成长得也特别慢呢？难道就是为了让老人有事可做吗？

答案呼之欲出，那就是人类的最大特性——技术。人类的“成长”，不只是一个身体慢慢发育的过程，更是一个“学习”的过程。人类需要后天学习许多技能，包括社会交往的能力和使用工具的能力，都需要在成长过程中慢慢学习。而这种“经验知识”的传授，恰好又是老人最擅长的。

我们这本书关心的“技术”，就是人类的这种后天习得的能力，这种能力虽然对于人类个体而言是外加的，但对于人类这一物种而言却是内在的。技术及其传承决定了人类这一物种的独特的生存方式，与人类的物种特性互相支持、互相构成。

人与其他动物之间的界限未必是截然分明的，所谓的“人猿相揖别”很难说有一个明确的时间节点，但人类的发展与技术的兴起可以说是一体两面的同一个进程。

从百万年前开始，人类制造工具的方式就与黑猩猩之类有所不同，黑猩猩能够现成地、随机应变地运用工具，但能人有更强的“留存备用”的时间意识。根据考古信息，能人可能携带石片移动十几公里，工具的制作与使用被分割开来，在尚不需要使用时就会专门从事制造。

在某种意义上讲，工具本身并不是技术，而工具的“留存”才是。技术是某种可以教学、可以传承的东西。老一代人把工具连同其制作和使用方式，传递给新一代。

因此，技术制品构成了除了 DNA、RNA 等遗传物质之外的，人类独有的宏观的“遗传物”，技术制品及其知识代际相传，像 DNA 一样，决定着人的生存能力和生活方式，决定着人成长成什么样子、拥有哪些习性。

这就是为什么说技术是人的延伸：一方面技术延伸着人的身体，大大扩展了人的生物学机能；另一方面，技术史是人类自然史的延伸，把人类的传承延续于人类之外。

2. 旧石器时代

当然，在原始时代，技术的发展非常缓慢，从 250 万年前一直到数万年前，所谓旧石器时代的技术成就都没有特别显著的飞跃。直到 10 万年之内，现代人的祖先们才脱颖而出。

一直到在 3 万年前，人类的其他种属，如尼安德特人和丹尼索瓦人，都还生活在地球上，并且肯定与智人有所交流（图 1.2），包括冲突和混血。3 万年是生物进化史中的一瞬间，但人类的大部分技术创造都发生于此。

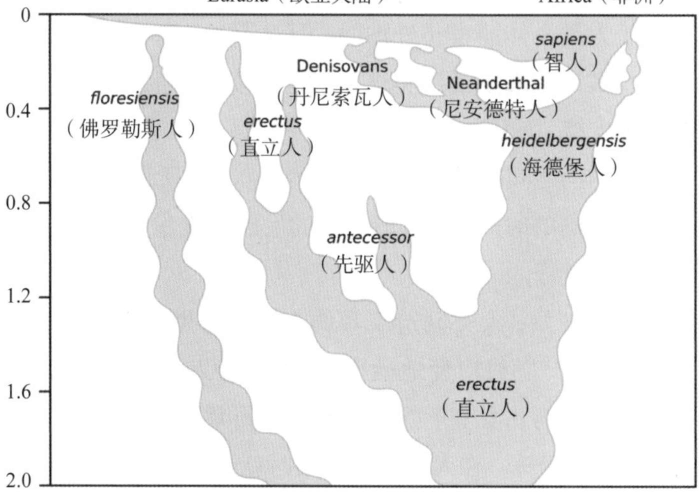

图 1.2　智人走出非洲（时间尺度 1= 百万年）

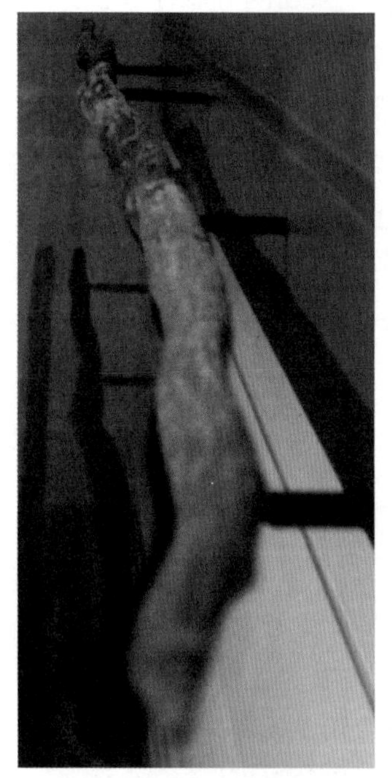

图 1.3　舍宁根古长矛，可能制造于 40 万年之前，已知的最古老木质文物之一

“石器时代”这个概念是英国考古学家卢伯克于 1865 年首先提出的。从 250 万年前能人的出现到距今 1 万多年前，被称作“旧石器时代”，而从 1 万多年前到约 4000 年前则是“新石器时代”。我们熟悉的说法是：旧石器时代到新石器时代的标志是打制石器到磨制石器的发展。

需要警惕的是，这一时代划分更多地依赖于考古资料的特性。我们很容易想到，在远古先民的生活中，木器（图 1.3）、竹器、皮制品之类的器具也不会少，木器的利用肯定比石器更早——毕竟黑猩猩就懂得利用树枝了。但是这些材质的器具不易保存，在越古老的遗迹中就越罕见，考古学家在远古遗迹中发掘出来的几乎都是石器。但这不表示石器在当时人类的生活中的地位一定是如此核心。

当然，石器之持久耐用的性质也确实让它成为最典型的“遗传物”，标志着人类开始把自己的经验遗留在人体之外。石器好比是大脑皮层在岩石上的投影，人类打磨着石器，就仿佛在打磨着自己的大脑沟回[1]，各种器具介于人类身体和外部自然界之间，形成了人的第二自然或者说“技术环境”，“技术环境”与自然环境一样，都成了人类需要适应的舞台。所谓“适者生存”，在人类这一物种中出现了新的意义，那就是一代又一代的人类还需要去适应前辈创造出来的“技术环境”。在石器时代，更善用石器者更能生存；而到了铁器时代，善用石器却用不好铁器的部落更容易被淘汰；在工业时代，更善于促进工业生产的国家更占优势……

大约从5万年前开始，旧石器时代晚期，智人的石器终于有了一些显著的变化，这可能是现代人最终取代尼安德特人的原因。尼安德特人也许更善于适应寒冷的环境，但并不适应于新的技术环境。

在旧石器时代晚期，人类仍旧以采集—狩猎的生活方式为主，但新出现了捕鱼等新生计。人们依旧居无定所，但形成了一些季节性的定居点。石器仍然是“打制”而非“磨制”，但呈现出专业化和地方特色（图1.4），例如有专门的鱼叉、骨针、雕刻工具等。

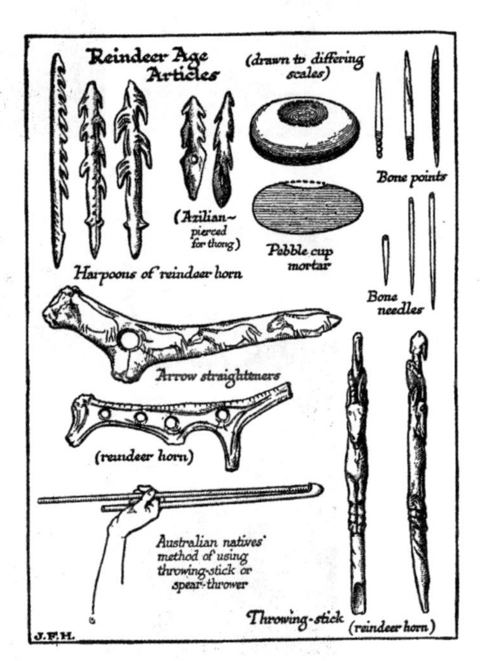

图1.4 驯鹿文化的独特石器，有专业化和地方性的特征

更重要的是，这一时期出现了大量“艺术品”，包括雕塑（图1.5）和壁画（图1.6、图1.7）等。

“艺术”这个概念其实是很新的，以现代人的眼光看，这些人工创造可以归入艺术的范畴，但在当时人们的观念中，恐怕并没有什么艺术与技术的概念，无论如何，这些行为标志着人类的生活世界中出现了某种超越的意义维度。画中之牛对应于现实之牛，但又形成了一种新的、独立的对象。人们可以指着现实中的牛交流，也可以指着洞壁上的“牛”

[1] 斯蒂格勒：《技术与时间1：爱比米修斯的过失》，裴程译，译林出版社，2012年，第166页。

图 1.5　旧石器时代晚期的雕塑，约 25000 年前

图 1.6　约 16000 年前的洞穴壁画

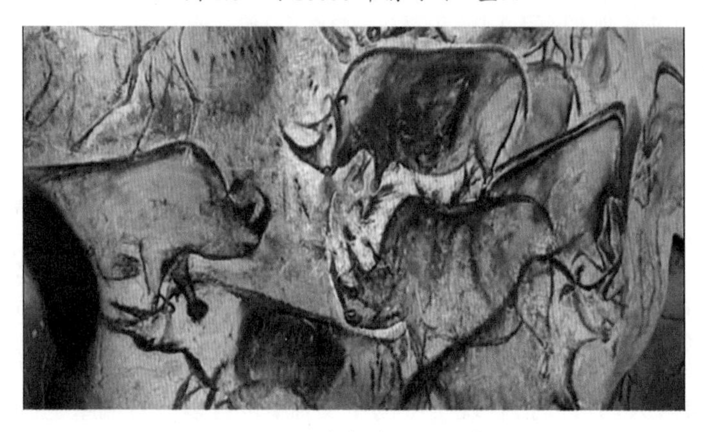

图 1.7　3 万多年前的洞穴壁画

交流，后一种媒介性的交流对象开辟了一个崭新的意义空间，我们可以称之为象征性或符号性的活动。也许高度复杂的语言系统就是伴随着艺

术品的滥觞才发展成熟了。

无独有偶，这一时期的人类开始有意识地举行各种丧葬仪式。有意识地埋葬死者这件事情并不新，在数百万年前猿人就有埋葬行为，但到了旧石器时代晚期，埋葬活动中加入了更多象征性的仪式，例如在墓穴中残留的赭石颜料和花卉、驯鹿角等随葬品，标志着人们为死亡赋予了更复杂的意义。

甚至一些原始的计数系统可能已经发展起来，表现为某些骨器上的人为记号（图 1.8）。

这些艺术性或符号性的发展，表面上并没有直接增强人的生存能力，比如说绘制洞穴壁画并不会让石矛变得更加锋利。但是，它们肯定标志着人类社会组织形态的某种进化。例如，人类社群或许有了更强的凝聚力和更大的规模，又或者人类有了更长远的眼光，更善于为将来乃至为后代作出筹划。而这种空间上的凝聚力和时间上的连贯性，正好为人类进入新的时代做好了铺垫，那就是以定居生活为标志的农业时代。

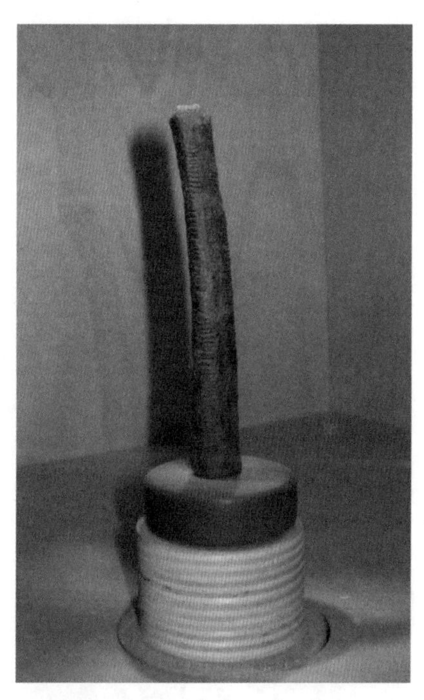

图 1.8　2 万年前的骨棒，上面的三组刻痕被认为是一种记数系统，但也有争议

第二讲　农业

1. 新石器时代

图 2.1　打制石器

在大约 1 万年前，人类开始陆续进入“新石器时代”，这从石器的形制上看一目了然，从旧石器时代的打制石器（图 2.1）转变为磨制石器（图 2.2），但更关键的界限无疑是生活方式的革命，农业的出现使得全新的定居生活成为可能。

大约在 11700 年前，地球气候进入了一个新的世代，即“全新世”（图 2.3），表现为冰川消退、气温回暖。气候变迁可能是促使人类改变生活方式的诱因之一，但也不宜高估其影响，因为除了在新月沃地之外，农业在其他地方的独立起源都要更晚一些。并不是说新的气候一定会导致新的生活方式出现，但反过来说，“风调雨顺”的气候环境的确更加适宜稳定的定居生活。

顺便说两句，从漫长的地球气候史来看（图 2.4），全球气温升高或降低个好几度都不算啥，但是仅就人类文明兴起的短短一万年来看，我们所有的生活方式都适应于这个相对稳定、温和的全新世，一旦气候再次发生剧变，对人类文明而言也许就是灭顶之灾了。

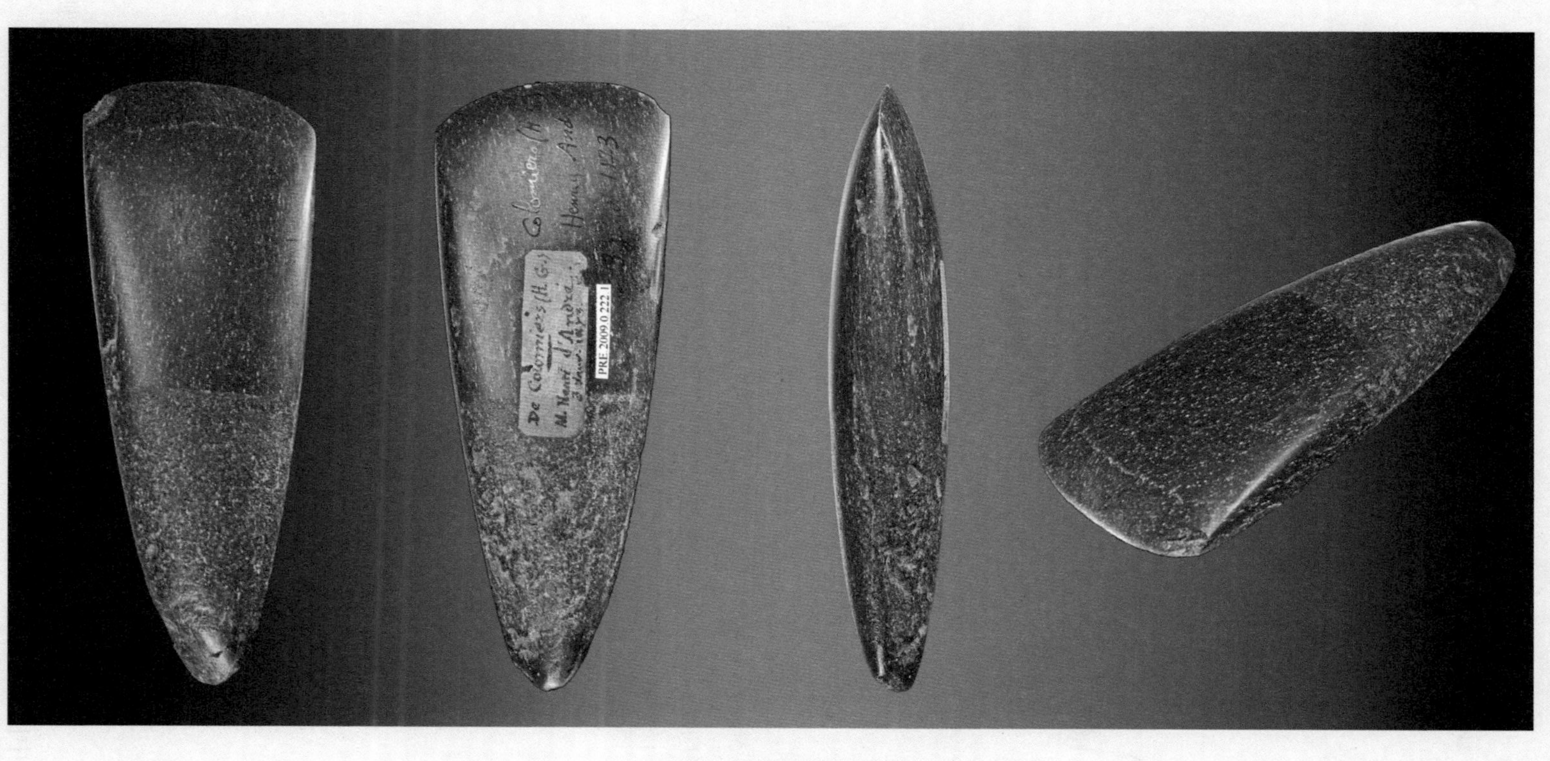

图 2.2　磨制石器

图 2.3　格陵兰冰盖显示的全新世（Holocene）气温变化

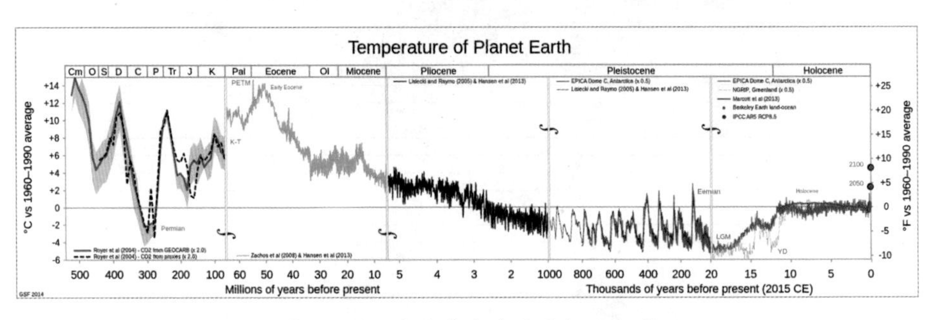

图 2.4　5.4 亿年来全球平均气温估测

农业最初在西亚的新月沃地发端（11000 年前），在中国（9000 年前）、新几内亚（9000—6000 年前）、墨西哥（5000—4000 年前）、南美（5000—4000 年前）、撒哈拉以南（5000—4000 年前）、北美（4000—3000 年前）等地区的先民也先后独立地驯化了各种动植物，进入了农业时代（图 2.5）。

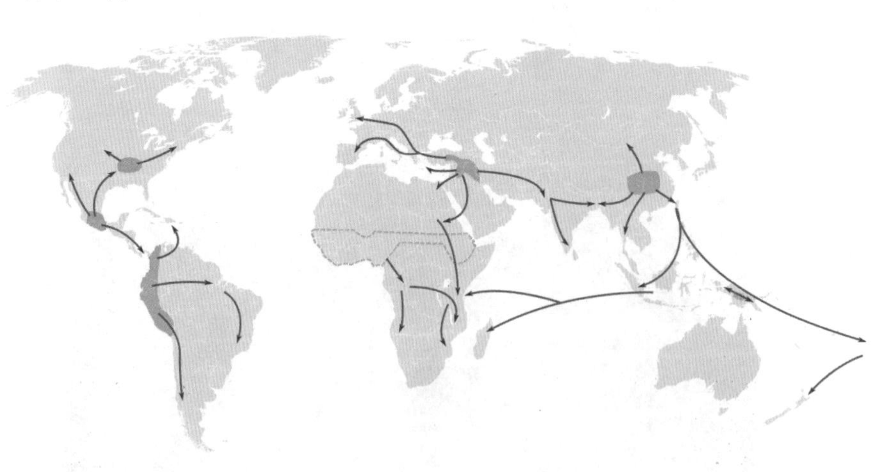

图 2.5　农业的起源和传播

小麦、大麦、豌豆、亚麻、橄榄、绵羊、山羊等在新月沃地驯化，而中国先民则驯化了水稻、小米、黍、大豆、猪、蚕等。

所谓“驯化”，并不只是像马戏团那样把野生动物圈养起来就算，而是要通过一代一代的选种育种，改变动植物的遗传性状，使得它们满足于人类的需要，并且在一定程度上需要依赖人类才能繁衍。当然，同样地，被驯化的动植物其实也在反过来“驯化”着人类，改变了人类的习性和需求。

这种新的生活方式对于个人来说未必是好事，首先，农民比采集者增加了劳动量，但食谱反而更单调了。相比于原始人可以食用数百种野果、昆虫和小动物，高度依赖少数主粮的食谱提供的营养不全，更容易造成营养不良，而且人的生活更易受天灾影响，干旱与洪水可能造成严重的饥荒。另外，畜、禽等动物的畜养滋生了大量寄生虫和传染病。这一切导致在农业时代早期，农人因生活压力更大，平均寿命反而降低了。

不过农业给人类的“群体”带来了显著的优势。首先是人口密度增加了，同样的土地面积下可以养活更多的人口；其次是农业使得人类可以摆脱季节性迁徙，在一个地方定居下来，这使得人类的技术与文化更容易传承，也使得复杂的社会组织成为可能。

农业与定居究竟孰先孰后，恐怕是一个类似于先有鸡还是先有蛋的问题。在旧石器时代晚期，其实已经出现了一些“定居点”。人类可能是先有了“家园”的概念，才逐渐想到驯化植物的。因为驯化植物需要有意识的播种和收获的行为，而且需要年复一年地重复播种，筛选种子。如果在土地旁边没有相对稳定的定居点，农业是不可能兴起的。但农业兴起之后，又将进一步促进定居生活。

最早的农作物未必是出于食用的目的而被栽培的，特别是小麦、玉米等主粮，其野生的祖先看起来都很不起眼（图 2.6、图 2.7），可食用的部分很小，且需要精细加工才可能变得好吃。人们是怎么会想到一代又一代地去种植它们呢？

图 2.6　可能与玉米祖先接近的墨西哥类蜀黍（上）与现代玉米（下）

技术史家芒福德认为，花园先于农田，推动人们驯化植物的更多是审美需求而非食物需求。

的确，在许多古代文明中，花园都有很重要的地位（图 2.8、图 2.9、图 2.10），而且现在认为最早被人工驯化的植物是无花果（12000 年前）（图 2.11、图 2.12），这可能就是被作为园林植物而被有意栽培的。

图 2.7　普通野生稻，现代稻米的近缘祖先

图 2.8　古巴比伦空中花园（16 世纪画作）

图 2.9　古埃及壁画中的花园

芒福德还有一个观点，他认为农人并非完全替代狩猎者，原始的猎人部落与农人混居，可能构成了一种原始的社会分层和技术分工，猎人的武装力量不再用来觅食，而是成为专职的军人。在“城市”兴起之后，阶级分化和专业分工进一步强化。

图 2.10　古埃及墓穴中的花园模型

图 2.11　无花果

图 2.12　无花果在西方文化中历史悠久，《圣经》中描述亚当和夏娃偷食禁果后懂得了羞耻，就拿来无花果叶子遮羞

2. 城市文明的兴起

在各大农业发源地附近，古老的定居者继而发展出了各自的城市文明，所谓四大文明古国，就是指这些城市文明的发祥地。

所谓“文明”（civilization）一词，词根就是城市（city）或市民（citizen），它在16世纪形成了教化、教养（civilized）的意思，在18世纪有了与野蛮相对立的“人类文明”概念，到20世纪才形成了复数形式的“各大文明”的概念。可见，城市、文明与教养这三个概念是相互关联的，城市意味着一种新的生活方式。戈登·柴尔德（Gordon Childe）提出了“城市革命”的概念，列举了城市的10个特征，简单来说包括[1]：

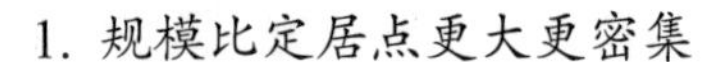

1. 规模比定居点更大更密集
2. 专业化（工匠、商人、官员、祭司……）
3. 生产者的盈余向神或国王缴税
4. 宏大的公共建筑（宫殿、纪念碑、金字塔……）
5. 统治阶级的形成（祭司阶层、军事首领等）
6. 书写
7. 精确科学的出现（算术、几何、天文）
8. 复杂而深刻的艺术风格
9. 与遥远的“外国”展开贸易
10. 社会组织关系更依赖于居住地而不是血缘

除了第1条之外，其他特征大致可以归入两个层面：传承的物化（4、6、7、8）；人群的分化（2、3、5、9、10）。而这两方面也互为表里，恰好就是技术发展的特征。

技术的发展总是趋于物化，固定的技术器物体现出越来越多的分化。当人类开始定居之后，这些物化的器物不断在生活环境中沉淀下来，成为进一步演化的基础，这就使得分化和专门化进一步发展。

城市是农业的产物，但城市人口通常不事农业，而需要周围农村供养，那么这种社会结构是如何形成的呢？为什么一部分人心甘情愿

---

[1] Childe, V. Gordon. *Man Makes Himself*. Watts and Co., London, 1936.

居住在拥挤的城墙内，而另一部分人则又心甘情愿地为城里人供应粮食呢？

关于城市的起源，有不少说法，例如，农业发展形成过剩的粮食；防御工事建立起人为的隔离；贸易活动形成市场中心；祭祀活动形成典礼中心。这几种说法并不互斥，它们可能是共同起作用，也有可能不同地域的城市有不同的缘起。

在土耳其南部的加泰土丘（Çatalhöyük）是迄今为止发现的最早的大型定居点之一，但恐怕还算不上“城市”。从公元前7500年到公元前5700年一直有人定居于此，规模最大时有约1万人口，但是并没有形成街区的分划，也没有形成专业分工。密集的泥砖房屋层层叠叠聚在一起，没有胡同或走道（但墙壁各自独立紧挨着修建），人们从屋顶上开洞钻进钻出（图2.13）。废弃的房屋被埋在地下，人们在1000多年的时间内不断在旧房子上盖新房子，叠到20米高。

图2.13　考古学家还原的加泰土丘房屋内部景象

加泰土丘的居民仍然从事农业，肥沃的土地可以供养日益密集的人口，密集的人口是构成城市的前提。但绵延千余年的加泰土丘也证明了，仅仅是密集居住，并不一定会自动催生出城市文明来，城市不只是定居点的集合，而是要形成某种有机的结构，有中心、有边界。

城市的边界由防御工事构成，而城市的中心往往是大型的宫殿或纪念碑。芒福德指出，早期城市往往是以神圣活动为中心组织起来的[1]。

除了古埃及（图 2.14），全球各地都有类似“金字塔”的建筑（图 2.15、图 2.16），特别是南美的卡拉尔古城（图 2.17），印加人的祖先在公元前 26 世纪修建了宏伟的建筑，几乎与埃及最古老的金字塔同时期。整个古城遗址中没有发现城墙、武器、受伤的尸体等与战争有关的痕迹。

图 2.14　埃及的吉萨金字塔群

图 2.15　墨西哥特奥蒂瓦坎的月亮金字塔

图 2.16　西班牙加那利群岛的瑰玛金字塔

图 2.17　卡拉尔古城

全球各地不约而同地修建金字塔形建筑，显然不是因为什么外星人或神秘现象，但也并非偶然。道理很简单，因为从建筑技术的角度说，古代人若要把建筑修建得尽可能高，尽可能雄伟，就势必要采取类似金字塔的造型，总不能指望他们建造摩天大楼吧。

但为什么要修建尽可能高耸雄伟的建筑呢？不同文明的理由各不相同，但显然都是出于各种“神圣”的需求。大型建筑或是与典礼有关，或是与葬礼有关，总而言之，它们并不是出于世俗的、实用的目的

[1] 芒福德：《城市发展史》，宋俊岭等译，中国建筑工业出版社，2005 年，第 74 页。

而修建的。

金字塔毫不实用，浪费大量劳动力却无法收获一点粮食。但它的神圣性维度构成了城市的向心力，也构成了早期“帝国”的向心力，使得更庞大和复杂的社会组织结构的形成成为可能。站在“金字塔”顶端的，那些最接近神圣力量的人，如国王或祭司阶层，拥有了统治他人的权威，庞大的国家因而组织起来了。按照芒福德的说法，这种无形的“巨技术”支配着有形的技术活动，有形的金字塔之所以能建立起来，依赖的正是社会阶层结构这个无形的“金字塔”，少数人成为统治者，而大量人口作为劳工被统一调配，持续数年乃至数十年地投入那些在此世看不到产出的工作之中。

这种社会制度一方面是严酷的、压迫性的，但另一方面也促进了技术与社会的多样化发展。各具特色的文明古国把人类历史带入了新的篇章。

第三讲　文字

1. 两河流域

在两河流域兴起了最古老的王朝。所谓两河指的是主要位于今日伊拉克的底格里斯河与幼发拉底河这两条河流，属于新月沃地的一部分，是人类最早发展起农业和进入新石器时代的地域。从公元前4100年起，以乌鲁克城（图3.1）为标志，最古老的城市文化也在这里兴起。

公元前2900年，苏美尔人在两河流域建立了繁荣的王朝，流传下来的最古老的史诗《吉尔伽美什》记载的就是这一时代乌鲁克的国王（图3.2）。不过两河流域地理位置开放，没有一个民族能够长治久安，阿卡

图3.1　公元前3300年的雕像，刻画了乌鲁克王（祭司）的形象

图3.2　吉尔伽美什杀死危害乌鲁克人的天牛，见于公元前2000年左右的陶片上（此为复制品）

德人随后取代苏美尔人，建立起强大的阿卡德帝国，之后又由亚摩利人建立了古巴比伦王朝（汉谟拉比法典就是此时颁布的），再之后又被亚述人、加喜特人、胡里安人、赫梯人、迦勒底人、波斯人、马其顿人、罗马人和阿拉伯人轮番入主，可谓兵家必争之地、古代文化的熔炉。

两河文明很早就发展起奴隶制的社会体制。早年我们认为奴隶制是所有文明的必经之路，其实现在看来未必如此。古埃及人并不依仗奴隶，考古学家现在认为埃及金字塔主要是依赖有薪酬的雇工完成的；古代中国有家奴制度，但并没有形成非常显著的奴隶阶层。只有像两河流域和印度河流域，由于多民族互相征伐的传统，形成了明显的奴隶阶层。

在当时，两河流域的土地非常肥沃，支撑起非常高的城市化程度，五千年前的乌鲁克附近就集中了大约八万人口，整个地区八成以上的人口居住在城市中。

人口的聚合促进了人口的分化。苏美尔人已经发展出复杂的专业分工制度，包括专职的铁匠、木匠、石匠、陶工、皮匠等，还有专职的军人。许多行业名字成为家族姓氏。许多手工业有专门的作坊，工匠前往专门的地点而非在家里工作，一些工种要求长时间的学徒期才能胜任，如建筑工要学八年，纺织工要学五年。

当时的农业技术也非常发达，发展出了引水渠、等距点种（通过犁后安装的漏斗播种）等高端技术，据说收获能达到种子的 76 倍（中世纪欧洲农田的收获可能只有数倍）。乌鲁克城中的大型粮仓所储存的粮食可以供两万人吃六个月。

但是，过度灌溉、没有休耕等做法造成了生态破坏。因为土壤盐碱化，苏美尔人后来只好把许多小麦田改换成更耐盐碱的大麦田，但还是拦不住不可逆转的盐碱化和荒漠化。

2. 符物到楔形文字

我们之所以能了解到那么多细节，有赖于文字的发明。苏美尔人发明的楔形文字是人类最古老的成熟文字系统。这些文字大多被刻在易于保存的泥板之上，因而我们现在能够阅读五千年前的文献。

图 3.3　乌鲁克时期的符物及其封套

在楔形文字被发明之前，早在公元前8000年起，两河流域就出现了某种文字的前身，即符物（token）（图 3.3）——用泥团烧制后形成的各种形状的小物件，脱胎于当时的商业交换活动。不同形状的符物对应于不同的交易对象，如绵羊、山羊、十只绵羊、十只山羊等，都有对应形状的符物。

符物最初用于计数，之后发展为某种契约活动的记录物。交易双方把记录了交易内容的符物封存于一个大的空心容器里，直到发生争议时再请人拆封，认证当时的交易内容（如五只绵羊换七只山羊之类）。

在乌鲁克城兴起之初，符物系统日趋复杂化，因为作为封套的容器一般不会被打开，但这些容器本身又需要归类和辨认，于是人们又把代表内容符物的符号刻在容器表面。再之后，这些封套外壁的刻印符号又被直接刻印在平面的泥板上，形成了文字的雏形。同时，在泥板上出现了更多有意识地刻印的象形符号（图 3.4）。

图 3.4　乌鲁克时期的象形刻印的泥板

"数数"是一种神奇的能力，我们要是能够"数羊"，就意味着我们把握了"羊"的概念，我们会把大大小小明显不同的个体看作同一类事物（羊），从而与其他事物区分开来（如牛），但同时又保留对不同个体的分辨（不至于把同一只羊数两遍）。因此，数数不仅是单纯的算术技能，也蕴含了对事物的理解。特别是，当人们能够利用计数工具来数数时，概念化、符号化的能力就开始成熟了。

因此，用符物数数，体现出某种比单纯掰手指计数更加复杂的能力——在符号与对象之间建立了某种紧密关联。

楔形文字在苏美尔时期逐渐成熟（图 3.5），形成一整套文字系统，而不只是用来指代个别事物。在此期间，楔形文字逐渐摆脱象形的束缚。到了阿卡德人征服苏美尔人之后，阿卡德人借助苏美尔的文字表达阿卡德人的语音，就进一步淡化了文字中的象形元素，向表音文字发展。

图 3.5　苏美尔王朝时期的楔形文字（公元前 26 世纪）

现代西方的表音字母文字有另一条渊源，但发展过程也类似：在偏重象形的埃及文字传入西奈半岛后，人们尝试用埃及文字表达西奈人或迦南人的语音，就淡化了象形元素，把文字运用为表音的符号。

原始迦南文字发展为成熟的腓尼基字母文字（约公元前 1500 年），希腊字母、希伯来字母和阿拉伯字母都渊源于此。希腊字母（约公元前 800 年）发明了元音字母（之前的字母都只表辅音），从此之后书面的文字获得了独立性，单词可以与语境相剥离，书写符号本身构成了一个自足的意义系统。希腊人崇尚理性和逻辑的哲学世界，就是这一书写技术的结晶。

当然，其他文明的文字系统各有特色，比如阿拉伯文字至今没有加入元音字母，中国的汉字则走了一条完全不同的路线。同时，各种文字系统下产生的思想世界也是各具特色的。文字与思想的具体关系还有待研究。但至少我们能够肯定的是，无论何种文字，其流行都会深刻地改变人们的思想与记忆。

苏联心理学家鲁利亚曾经对原生口语社区（从未接触过书写）进行了经典的研究[1]，揭示出口语人的思维往往很难理解三段论逻辑和分类的概念。例如他们把逻辑问题当作谜语，拒绝为事物下定义；不会使用

［1］ A .R. Luria, *The Making of Mind, A Personal Account of Soviet Psychology*, publ. 1979. 电子版本见 https://www.marxists.org/archive/luria/works/1979/mind/ch04.htm.

“圆形”等抽象概念——他们把研究者向他们展示的圆形图案叫作盘子、木桶、手表等；对画有铁锤、锯子、圆木和斧头的四张卡片进行分类时，不能理解“只有圆木不是工具”这样的思路，而是坚持情景化的思维：“它们都一样，锯子锯木头，斧头砍木头，如果要扔掉其中的一件东西，我就扔掉斧头，斧头干木工活不如锯子好”。

这种现象并非孤例，书面文化中很容易想象的分类列表和逻辑结构等图式化的概念整理方式，在口语文化中并不容易被接受。沃尔特·翁的研究对此给出了更多例证。[1]

[1] 可以参考沃尔特·翁：《口语文化与书面文化——语词的技术化》，何道宽译，北京大学出版社，2008年。

第四讲　机械

1. 希腊机械

古希腊文明是西方文明的源头之一，它所奠定的科学思想与民主政治构成了现代西方世界的精神内核。

这里我们不多谈古希腊人的科学精神，重点讲讲他们的技术成就。

在技术领域，希腊人最突出的成就或许是机械技术。在当时，“机械”主要是指建筑工程中使用的机械装置，如“脚手架”、“起重机”、滑轮、斜面等。在建筑各种宏伟的神庙时，希腊人就用这些机械装置作为辅助（图 4.1）。

图 4.1　帕台农神庙建设工地模型

戏剧是希腊人最爱的文艺活动，在希腊剧院中也有大量机械技术的运用。例如用机械装置滚动切换舞台背景，用起重机械把演员空降到舞台中间（所谓“机械降神”）（图 4.2），等等。

更重要的是，不仅仅是普通劳动人民对这些机械技术的发展做出贡献，它们更是开始成为顶尖学者的研究对象。阿基米德就是古代最著名的机械学家（机械学，mechanics，也译作力学）。相传他说过的那句名言：“给我一个支点，我可以撬起地球”，就是在表达对“杠杆”的认识。传说

图 4.2　古希腊剧场的“机械降神”示意图，经常通过起重机把一个角色（通常是神）从空中吊下，解救危机或者逆转剧情，后来也泛指其他以突兀插入的形式推动剧情的创作手法

他还利用杠杆原理，制造出巨型武器，用来掀翻敌军的战舰（图 4.3）。

图 4.3　1600 年的画作，描绘阿基米德利用巨爪弄沉罗马军舰

到了公元 1 世纪，亚历山大城的希罗成为机械学的集大成者，他进一步总结规律，选取杠杆、轮轴、滑轮、楔子、螺旋这五种装置称为“简单机械”，认为其他机械装置都是由简单机械复合而成。他还进一步把简单机械的原理还原为以两个同心圆为主题的几何学问题，让机械学变成了一门应用数学。

图 4.4　希罗的汽转球示意图

希罗记录了许多机械发明，例如最早的“蒸汽机”——汽转球（图 4.4）；点燃火盆时自动打开神庙门的“自动门”装置（图 4.5）；投入硬币后自动流出圣水的“自动售货机”；能滑行到客人面前，客人放上酒杯就能自动斟酒的“女仆机器人”（图 4.6），水力或风力管风琴（图 4.7），等等。

代表希腊机械技术的最高成就的一台机器并没有被著述记载，而是在 1901 年才从沉船中发掘出来，那

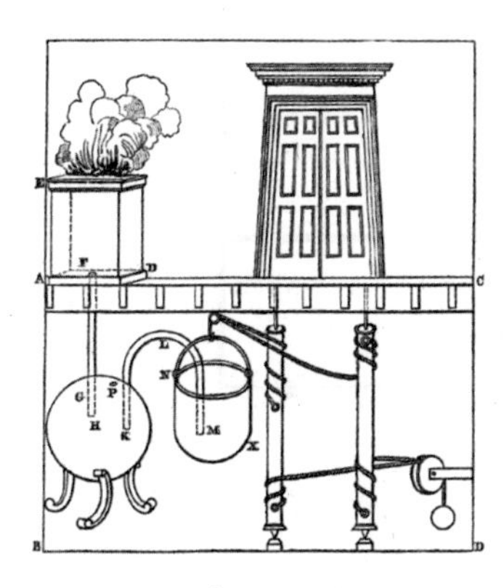
图 4.5　希罗的“自动门”

图 4.6　自动机器女仆

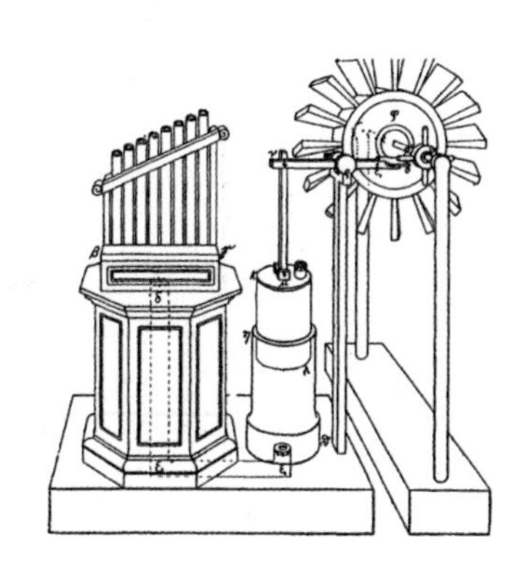
图 4.7　希罗的风力管风琴

就是著名的“安提基西拉机器”（图 4.8），这是一个复杂的机械计算机，能够在几种历法之间换算，并且推算相应日期时太阳、月亮及其他行星的位置，预测日食和月食。其具体的功能和结构仍在解读之中，但从留存的残片可以确定它至少包含 30 多个齿轮的联动运作（图 4.9）。这一精密的机械只比现代的笔记本电脑大一点，其中反映出来的工艺水平和相关的知识结构令人叹为观止。

图 4.8 安提基西拉机器（主体部分残片之一）

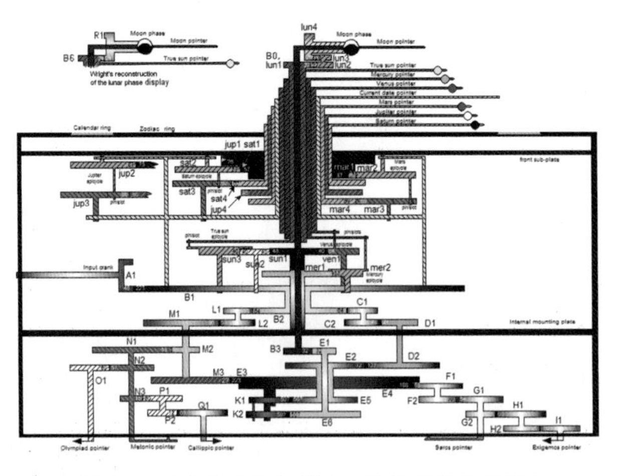

图 4.9 安提基西拉机器（一种推测的结构图）

各种机械工具本身并不是希腊人的专利，比如中国人熟悉的“杆秤”就是利用了杠杆原理，但在其他文明中，机械器具的实用总是先于理论，

而在希腊人那里，机械的理论与制造相互结合，人们能够基于理论设计去指导技术加工，这是希腊人的特长。安提基西拉机器的制造显然就必须依赖天文学和数学的指导才有可能完成。

希腊人的科学与技术被罗马人吸纳。在数学领域，罗马人比不上希腊人，但在公共工程方面，罗马人的成就更加瞩目（图 4.10）。而这些工程背后也有机械的助力（图 4.11）。

图 4.10　罗马引水渠

图 4.11　罗马起重机（复原）

2. 阿拉伯帝国和中世纪欧洲

罗马帝国衰亡之后，阿拉伯人接过了文明的火种。在阿拉伯帝国的黄金时代，阿拉伯人不仅翻译和注释了大量希腊科学文献，更有许多独创性的贡献。

在这里不多讲科学史方面，我们着重来看阿拉伯人在技术领域的贡献。在阿拉伯世界，机械学、工程学的地位有所提高，变得与算术、几何、天文、音乐并列，归入“自由技艺”的行列。许多工程师和建筑家出身的人能够位列高官，意味着技术人才的社会地位也明显增强。

阿拉伯学者有意识地研究和改进前人的技术[1]，特别是在机械装置方面有丰富的创造。

雅扎里（Al-Jazari，1136—1206）以《巧妙的机械装置的知识》一书著名，如书名所示，他描述了许多巧妙的机械装置，其中有许多和希罗的描述相近。但他有两方面的理念比希腊人更加独特：一是对“动手实践”的要求，他宣称他只描述自己创建的装置，而所有这些装置都是通过反复试验而不是通过理论计算来组装的。二是更突显“自动化”的思想，他设计的许多机械都是由水力驱动着按照既定“程序”运转的自动装置。例如按照预先编制的顺序自动奏乐的机器人（图 4.12）。

图 4.12 雅扎里的水力奏乐机器人

他设计的“大象水钟”（图 4.13、图 4.14）很有代表性，大象肚子里藏着水桶，桶中有一个漏水的空碗，需要半小时沉入水中，沉没后牵动绳子，撬动杠杆让人偶击鼓报时，同时一只小球落到龙嘴里，龙头低下，龙尾拉起空碗，同时吐出小球，计时重新开始，直到小球用完。雅扎里

[1] 见艾哈迈德·优素福·哈桑、唐纳德·R. 希尔：《伊斯兰技术简史》，梁波、傅颖达译，科学出版社，2010 年。

认为大象钟的形制象征着知识的融汇：大象代表印度和非洲文化，两条龙代表中国古代文化，凤凰代表波斯文化，水工代表古希腊文化，头巾代表伊斯兰文化。

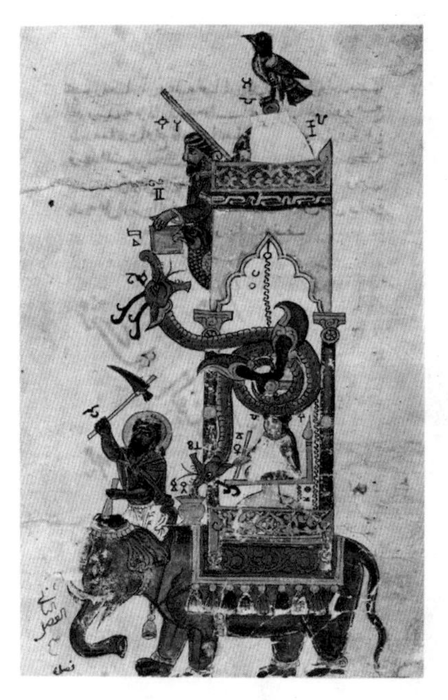
图 4.13　雅扎里的大象钟

图 4.14　大象钟现代复原版本

除了传递希腊学术之外，阿拉伯人在天文学（特别是观测技术）、代数学、炼金术和机械学等方面对后来的欧洲人都有深远影响，更是把来自东方的多种技术传播到欧洲。不过由于文艺复兴后的欧洲人崇尚希腊罗马，却有意掩饰阿拉伯人的贡献，很少主动引用他们，现代人对阿拉伯人在科技史中的地位是普遍低估的。

在欧洲中世纪的黑暗时代，许多古典时代的科学技术已失传，但中世纪欧洲本土并非没有独到的贡献。或许是由于地广人稀的缘故，在中世纪西欧，风车（图 4.15、图 4.16）、水车（图 4.17）等借助自然能量的省力机械大量流行，机械磨坊不但被用于研磨谷物，还在纺织业（缩绒磨）等其他产业推广。

图 4.15　1340 年文献中描绘的风车磨坊

图 4.16　风车塔

图 4.17　12 世纪的水车

当然，水车和风车都不是欧洲人独有的，更早的希腊人和阿拉伯人都有复杂的水力机械，中国人也有先进的水车和风车，但欧洲人的特点是对这些机械的普遍应用。按中世纪技术史家林恩·怀特的说法："中世纪后期最值得夸耀的事情，不是大教堂，不是史诗，也不是经院哲学，而是有史以来一个复杂文明的首次建立。这一文明并非建立在辛勤劳作的奴隶或苦力的背脊上，而主要建立在非人力之上。"[1]

从古希腊到中世纪，机械已经开始潜移默化地塑造着西方人的生活和思想，到了近代，机械论自然观的兴起也就是水到渠成的事情了。

[1] 见 Lynn，White. "Technology and invention in the Middle Ages". *Speculum*，1940，15 (2): 141–159。

第五讲　钟表

1. 水钟和沙漏

除了水车、风车等省力机械之外，中世纪欧洲最关键的机械发明，无疑是机械钟了。这种计时技术潜移默化地改变了人们的时间观念和生活节奏。

在远古时代，测量时间主要依靠日月星辰的周期，例如日晷（图 5.1）是一种辅助测量太阳位置的工具，因而也就成了一种测量时间的工具，但本质上，看日晷和看日头是一回事，只是前者更加精确罢了。日晷呈报太阳的位置，但并不直接制定时间的标尺。

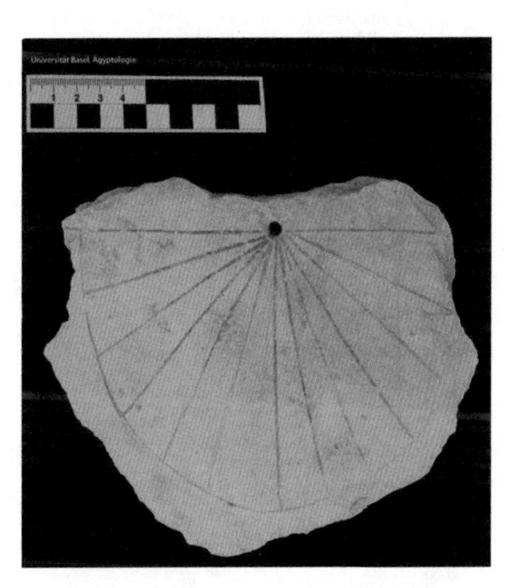

图 5.1　公元前 1500 年的埃及日晷

独立提供时间标尺的计时工具，包括蜡烛、熏香、沙漏和水钟等，它们利用对一些日常活动标准化，形成相对的时间度量工具。这些相对的时间（如一炷香时间）与天文学时间（一昼夜）相映射，就能够持续地呈报当下的时刻。

中国古代常用“漏刻”（图 5.2）来计量时间：利用漏壶相对均匀的流水过程，把一昼夜分为 100 刻。宋代还流行过“百刻香”（图 5.3）：把香篆制成文字的图样，其中的笔画转折分为一百小段，燃尽正好对应一昼夜。

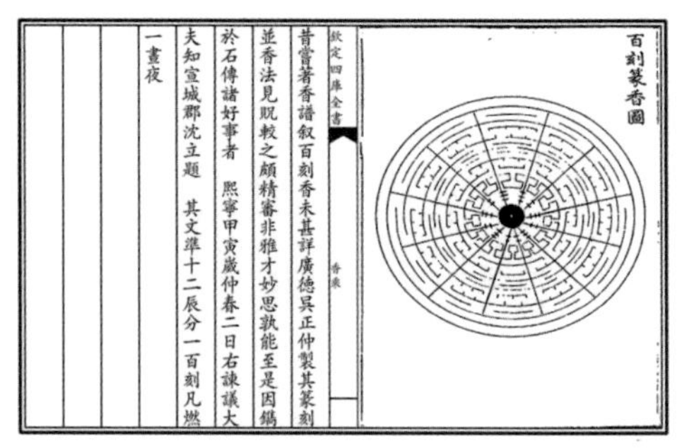

百刻篆香圖

欽定四庫全書　香乘

昔嘗著香譜叙百刻香未甚詳廣德吳正仲製其篆刻
並香法見貺較之頗精審非雅才妙思孰能至是因鐫
於石傳諸好事者　熙寧甲寅歲仲春二日右諫議大
夫知宣城郡沈立題　其文準十二辰分一百刻凡燃
一晝夜

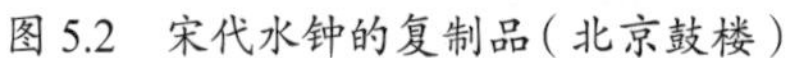

图 5.2　宋代水钟的复制品（北京鼓楼）

图 5.3　四库全书中收录的百刻香图示

但这类工具主要还是满足天文学家的需求或者供文人雅士赏玩，在诸如典礼、斩首等仪式性活动时也有需要，但普通老百姓其实并不需要非常精确的计时工具。每座城市都有钟楼、鼓楼之类鸣钟报时，街区里还有打更者报时，普通百姓并不需要专门通过某种可视的装置来随时“看时间”。

北宋苏颂监制的“水运仪象台”（图 5.4）是古代中国最辉煌的技术成就之一，其中包含了后世机械钟的雏形。它正是一架水力驱动的大型天文钟，但该仪器是以举国之力建造，用于皇家仪式，而没有太高实用价值，更不可能普及推广。

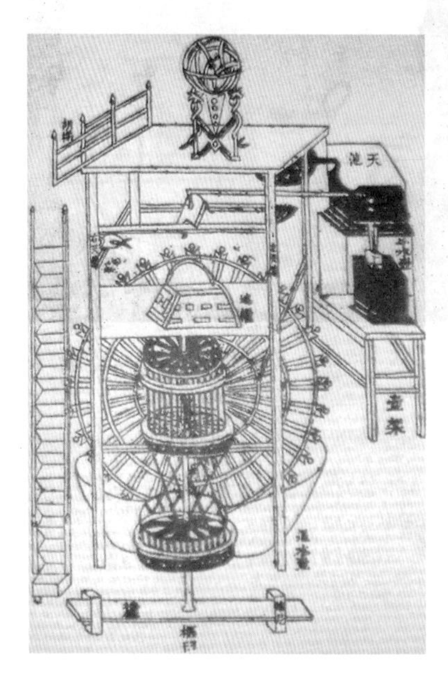

图 5.4　苏颂《新仪象法要》中描绘的水运仪象台

直到大航海时代，航海家们对计时器有了迫切的需求，特别是远洋航行时必须测量时间。古代的水手往往只能沿着海岸不远的地方航行，一但进入到四面环海的境地就容易迷失方向。指南针和太阳的位置能够帮助确定方向，对星空的观测可以帮助确定纬度，但经度是最难以确定的。

古代西方人早就知道地球是个球体，这在希腊人那里就已经得到了普遍认识，在中世纪晚期，欧洲人接受了希腊的知识，航海家们也大多相信这一事实（图 5.5）。哥伦布正是因为知道地球是球体，才想到通过向西航行到达东方。当然，他们也很早就了解到了“时差”的存在，因此只要能够准确测量出“时差”，就可以知道当下的经度了。但当地时间可以通过日晷测量，出发地的时间又要通过什么测量呢？因此，如果有一个准确的、不依赖于太阳且不怕海洋中的颠簸和潮湿的计时工具，就可以测量经度了。

图 5.5　1492 年制造的“地球苹果”，现存最古老的地球仪，完工时哥伦布已经开始了第一次远航，但尚未返航，因此地球仪上欧洲和亚洲之间只是被大洋阻隔

欧洲人选择的第一件关键装备是“沙漏”（图 5.6），这一古老的计时器具由于玻璃技术的成熟和航海的需求，在 14 世纪流行起来。在 1345 年的航海员的购物清单中我们已经能发现“一打沙漏”的记录了。从 1350 年直到 19 世纪初，沙漏都是欧洲远洋航海的必需品。当然，沙漏的精度不高，只能粗略测量从前一个港岸出发之后的相对经度变化。

从 16 世纪开始，另一种较小的 30 秒沙漏也被用于航海，作为计程仪使用（图 5.7）。水手从船头放下木板，等 30 秒后测量木板在船身的哪

图 5.6　1340 年左右的壁画描绘了沙漏

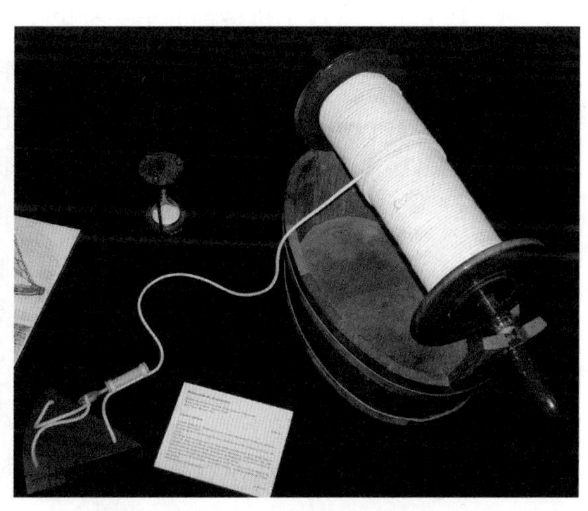

图 5.7　包含 30 秒沙漏的一套计程仪

个位置，以估测船的航速。

沙漏的好处是易于携带、不怕颠簸，对温度和湿度的变化不敏感。但坏处也很明显，那就是误差较大且需要专人照看着及时翻转。但航海家的需求并没有直接推动机械钟的发明，因为最初几个世纪的机械钟还远远达不到便携和防颠簸的要求。直到 18 世纪，小型化的航海钟才逐渐取代沙漏的地位。

反倒是由于机械钟的流行，沙漏在日常使用中也流行起来（如厨房和祷告的场合）。因为机械钟激发了人们对时间的关切，因而沙漏作为其补充而受到欢迎。

2. 修道院与机械钟

机械钟最初是在中世纪欧洲的修道院中流行起来的，这并非偶然。因为修道士最需要“看时间”，他们的生活本身就是脱离“日常”的，每天都要定时祷告，风雨无阻，即便看不见太阳，也不能错过祷告和其他仪式的时间。

佛寺里的和尚也有“撞钟”的传统，西方的修道院里也早就有“打铃”的传统，有一种猜想是西方机械钟的擒纵器就是从机械打铃装置中发展起来的。为了准确安排时间，西方修道院更早之前就普遍使用水钟，修道士也就成了机械钟的第一批忠实用户。

图 5.8　沃林福德的机械钟

在抄本中记录下来的早期机械钟之一，是修道院院长沃林福德在 1327—1336 年期间主持建造的（图 5.8），该机械钟每小时报时一次（几点钟就敲几下），还附带星盘和潮汐水位指示器。

早期的机械钟体积庞大，往往置放于高耸的“钟楼”之中，除了修道士之外，其他人也抬头可见。更有越来越多庄严华丽的时钟放在公共场所向公众展示（图 5.9），这就促进了修道士对时间节律的要求潜移默化地向全体居民扩散。

再之后，机械钟逐渐淡化其听觉鸣响的功能，相比鸣钟的突然性和警醒性，机械钟呈现出来的是客观、冷漠、均匀的时间意象。这种超然的客观性也正是现代科学的主旨，因此机械钟也成为科学革命之后，人们理解宇宙的基本隐喻。

图 5.9　布拉格天文钟，1410 年始建，多次翻修，至今仍是著名景点

修道士之后，下一群由机械钟而不是天时规定着生活节律的人，大概就是工人了。朝九晚五，风雨无阻，工人和修道士一样过着规律而刻板的生活。

按照芒福德的说法，现代工业时代的关键机器不是蒸汽机而是时钟。如果说蒸汽机是工业时代的心脏，那么时钟就像“起搏器”那样规定了心脏跳动的节律。

这一机械本身也体现出工业时代的基本逻辑：

一、对能量的驯服：让自然能量的流动顺应机械的均匀节奏。

二、标准化：用标准化的产品确立时间的标准。

三、自动化：一旦运转永不停歇，人需要做的顶多是像牲畜那样为之提供能源。

四、精密化：不断在小数点之后追求精确性。

机械钟也成为资本主义帝国向全球殖民的开路先锋。在中国，传教士们最初就以奇巧的西洋自鸣钟作为礼物，引发士大夫和皇室的兴趣；而标志着被列强撬开国门的上海外滩的江海关大楼也正是一座大钟楼（图 5.10），这也颇有象征意义。人们在钟楼前抬头仰视的，不只是静默的“时间”，同时也是现代世界的节奏和秩序。

图 5.10　上海江海关大楼（右）夜景

第六讲　印刷机

1. 古登堡的发明

继机械钟之后，下一台关键机械大概要数古登堡的印刷机了。

我们知道，雕版印刷术可能早在 7 世纪就在中国出现了，宋代的毕昇则发明了活字印刷术。古登堡的发明或许受到了东方工匠的影响，但在欧洲是相对独立的。

另外，活字印刷术在中国和西欧造成的影响完全不同，古登堡印刷机几乎开启了一个新的时代（文艺复兴和科学革命）。因此，在这里我们还是只讨论印刷机在欧洲的来龙去脉。

西方所谓的"中世纪"，一般是指公元 476 年西罗马帝国灭亡到公元 1453 年东罗马帝国（拜占庭）灭亡为界，但发明于 1450 年左右的古登堡印刷机也可以作为一个标志，从此欧洲人进入了"文艺复兴"时代。欧洲人重新发现了古希腊和古罗马，大量出版的古典文献推动了文化和学术的繁荣，最终激发了宗教改革与科学革命。

当然，欧洲不是从一片黑暗中突然醒来的，早在 11—12 世纪，西欧就开始了学术的复兴。当时长期被穆斯林占据的伊比利亚半岛被基督徒夺回，在西班牙地区大量通拉丁语和阿拉伯语的学者把阿拉伯人保存和注释的古典文献引入欧洲，促进了"大学"的出现和经院科学的兴起。

在"大学"中，以亚里士多德为代表的古代学者广受尊崇，人们对古代文献兴趣日增。从 12 世纪起，西欧手抄书的产量一直在显著而持续地增长（图 6.1）。1453 年，最后的孤城君士坦丁堡之沦陷标志着东罗马帝国的灭亡，但在此之前上百年的战火中，许多拜占庭学者已经陆续带着书籍流亡西欧，这更激发了西欧人对书籍的渴求。在这个背景下，印刷机可谓应运而生，书籍产量随着印刷术的推广呈指数增长（图 6.2）。

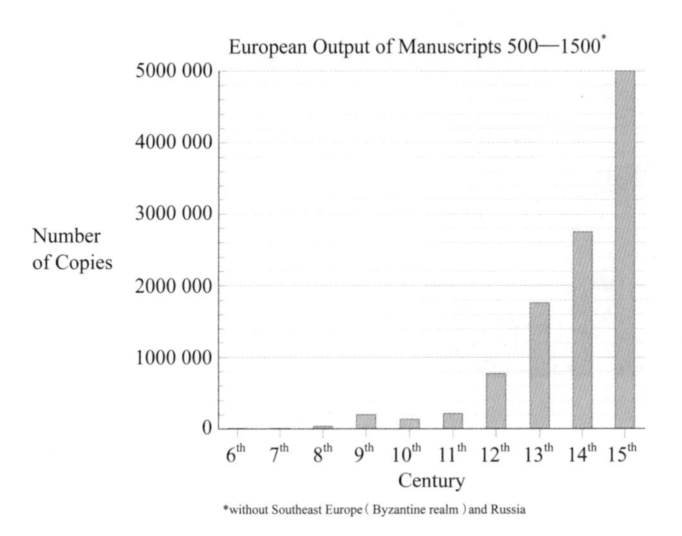

图 6.1　西欧的手抄本产量（公元 500—1500 年）

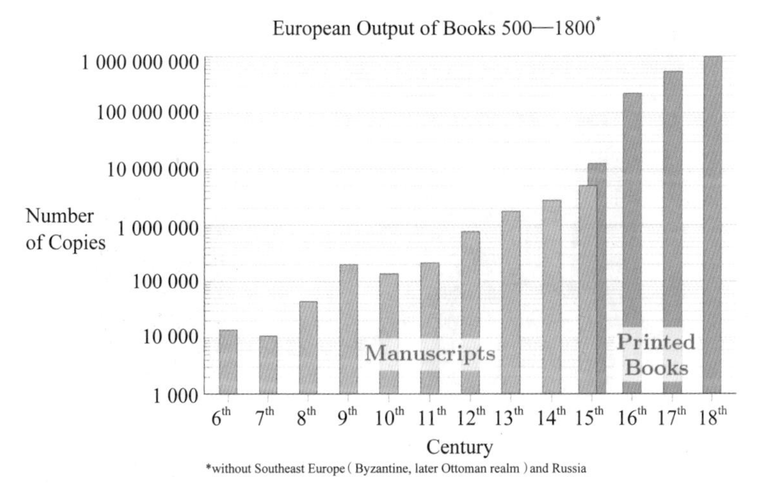

图 6.2　西欧手抄书和印刷书的产量（公元 500—1800 年）

另外，虽然印刷术如何从东方向欧洲传播仍然存疑，但造纸术的传播路线是很明确的。造纸术自怛罗斯之战后传入阿拉伯世界，最后在 1150 年左右传至西班牙，到 14 世纪，在意大利和德国出现造纸厂，古登堡所在的美因茨正是一个造纸中心。远比羊皮纸廉价的纸张为印刷书的

图 6.3　最早在酿酒业应用的螺旋冲压机

普及做好了铺垫。

古登堡印刷机还包含了与东方不同的特色，那就是，它从一开始就是一架精密的机械。它的冲压机制可能得益于欧洲更早被葡萄酒酿造业采用的螺旋冲压机（图 6.3）。金匠出身的古登堡自己发明了易铸且耐用的铅合金作为字模（这种“铅字”直到 20 世纪仍被使用），还发明了专用的印刷油墨（其实是一种油漆）。这一套设备使得整套印刷流程省力且高效。

在 1440 年代，古登堡完善了他的活字印刷工艺，在 1450 年左右开办了第一家印刷厂（图 6.4）。最初印制了一些短篇的文章或诗歌，直到 1455 年出版的《圣经》（图 6.5）让他名著于世。

图 6.4　古登堡印刷机复原

古登堡《圣经》据说印了 180 份，至今还有 49 本留存（其中 19 个是完整版本），大部分使用纸张印刷，也有少量印在牛皮纸上。

古登堡《圣经》由每张 42cm × 60cm 的纸张对开装订而成，这显然并不适合一般人捧在手里默读，这也是手抄本时代的特点，像《圣经》这样的经典著作多用于公开诵读的场合，一个人随身带着书捧在手上默默

图 6.5　古登堡《圣经》

阅读的场景并不多。

古登堡曾尝试双色印刷但最后放弃了，不过他还是在印刷后的书籍上额外增加了人工修饰（图 6.6）。在书籍中加入精美华丽的修饰也是手抄书时代的传统（图 6.7），这也容易理解，因为手抄书时代每一本书都极其珍贵，价值连城，其收藏性往往大于实用性，自然就值得精心雕琢了。而批量生产的印刷书很快放弃了华丽的风格，走向朴素实用。

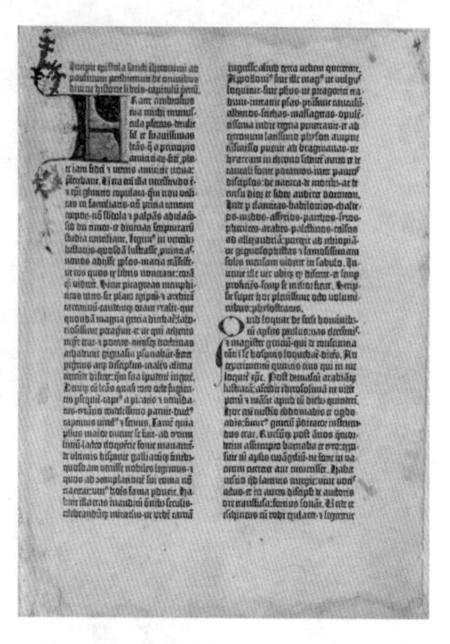

图 6.6　古登堡《圣经》的修饰

图 6.7　13 世纪手抄本中的修饰

2. 印刷的意义

印刷机的意义不只是让书籍变得平易近人，从而加速知识传播。事实上，印刷书潜移默化地改变了人们看待知识或学问的态度。

设想你生活在 1230 年，偶得（这就非常困难）一部天文学著作（图 6.8），其中描述了托勒密的行星模型。睿智的你发现这本书有毛病，比如基础数据或运算结果有错误——你会怎么想？你会怎么做？

现代科学家对待学问的态度是批判性的，他会对前人提出纠正，向同行发表新的见解。但对于一个抄本时代的学者而言，事情并没有这么简单。他首先会难以分辨他发现的错误究竟是该书原作者犯下的，还是在传抄过程中出现的。一般而言，出于对前辈伟人的尊重

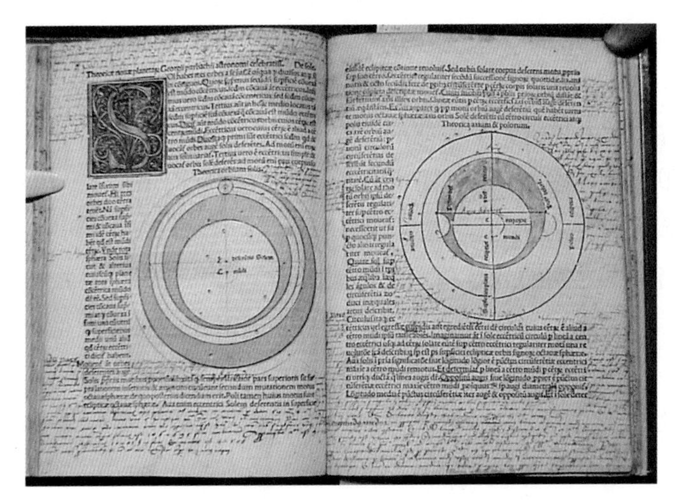

图 6.8　一部 1230 年的天文学抄本

和对向来讹误百出的传抄活动的警惕，他总会更倾向于认为自己发现的是传抄错误。于是他与其提出新的见解，不如想方设法去还原更准确的“原版”。就算他想要向其他学者发表他认为正确的观点，除了亲近的友人之外，若是还希望他的见解得到广泛传播，最好的策略就是托名古人写作，或者以注疏形式流传。否则谁会愿意帮他传抄呢？

事实上在中世纪晚期，手抄书已经商业化，抄本产业的规模不小，但即便如此，手抄书都无法摆脱一些基本的限制。在手抄书时代，每一本书都是一笔一画抄写完成的，几乎没有两本一样的书，外行抄写员难以掌握专业细节，但内行学者又喜欢自由发挥地去订正。因此分歧、讹误和错漏是很常见的现象。只有那些最珍贵、最经典的作品，在一个良好的学术传统下，才可能得到可靠、有序的传抄。

因此，我们发现无论中西，古代学术的基本模式就是围绕经典文献展开的注释传统，只有少数经典文献，才能够成为天南海北学者们的共同知识背景，评价一个学者时，他的师承学统往往被特别重视，这也是因为只有好的学统才能保证文献传承有序。

印刷机让同一个人更容易拥有许多书籍（从而可以广泛对比和批评），许多同时代的人也有机会拥有“同一本”书，这使得同时代的学者更容易找到共同语言。在古代，学术交流总是局限于一时一地的某个学院或学派，但现代人在印刷媒介中可以建立起公共、即时的交流平台，“学术圈”和“热门的前沿领域”成为可能。

弗朗西斯·培根提出的“归纳法”象征着现代科学“实验方法”的自觉，但实验科学意味着让琐碎冗杂的实验数据成为公共知识，这在惜字如金的古代学术界也是不可能的。

在印刷时代之初，人们对古代学者的兴趣反而增加了，出版商们最热衷出版的就是各种古代经典文献。考订版本的文献学研究也成为显学。但当版本之间的分歧总是无法裁决该怎么办呢？于是，人们转而向“自然”寻求权威——既然古代圣贤本身是通过研究自然而得到真理，那么要判断各种讹误百出的抄本之间到底哪版的说法准确，我们重新研究自然不就好了？因此，在现代早期，在许多学者心目中考订书本和研究自然都是追求真理的恰当方式，牛顿一边做实验研究，另一边又醉心于圣经年代学和版本考据的研究[1]，这绝不是精神分裂，而是那个时代常见的态度。

当然，随着印刷书的不断丰富，古代权威的意义越来越被淡化，学者们越来越多地崇尚“新”东西。借助于印刷书，新的东西可以在最新鲜的时候就广为流传，学者们不再需要托名古人，反而是争相抢夺“优先权”。一旦做出震撼的新发现，古代学者往往愿意雪藏起来，作为自己门派的奥义秘密流传，而现代学者则争先恐后地赶紧公开发表。

从崇古到尚新，从注疏经典到探索前沿，从注重学统到开放的学术圈，从重视结论到重视实验，从秘传到公开……这些都是伴随印刷机而来的新观念。

[1] 牛顿认为摩西等古代智者已经知道宇宙的奥秘，通过文本的蛛丝马迹有可能还原出来。另外，牛顿认为后世流传的拉丁文版本圣经都是把一句页边注释抄成了正文，又在另一处翻译希腊文本时偷换了措辞，因此强化了三位一体的教义，牛顿通过版本考订试图动摇三位一体学说。

第七讲　力学

1. 机械论的兴起

我们看到，在现代科学滥觞之时，欧洲人已经对各种机器司空见惯，省力机械、机械钟和印刷机不但给现代科学提供了外在的助力，更是构建了其核心隐喻：机械论的自然观。

在古代人心目中，宇宙是一个有机的整体，世界并不位于一个各向同性的虚空之中。希腊哲学家开始追寻万事万物的统一的秩序，但这种秩序并不被理解为数学公式，而是类似于一个生命体的内在和谐。而到了现代科学，“有机体”的隐喻悄然变换为“机械”隐喻。而机械的秩序是可以完全被数学公式刻画的。

在哥白尼的《天球运行论》那里，宇宙就已经被比作“机器”，到了法国哲学家伽桑狄（1592—1655）和笛卡尔（1596—1650）那里，机械论被明确表达为一种哲学纲领。

机械论哲学认为万事万物没有任何“内在性”，而只有像机械零件那样的外在关系，一切相互关系都是外在的、可见的，只需要理解事物的外形及其位移运动，就可以把握一切。

在古代哲人那里，万物是有内在禀性的，比如某些事物就其本性来说是“重”的，另一些本质上是“轻”的，重物有下坠（朝向宇宙中心）的倾向，轻物有上浮的倾向。但对于机械论者来说，这种看不见的“禀性”和神秘兮兮的“倾向”都是不存在的，事物由完全中性的“微粒”组成，微粒有不同的形状，除了这些形状之外，微粒的“内部”并没有任何属

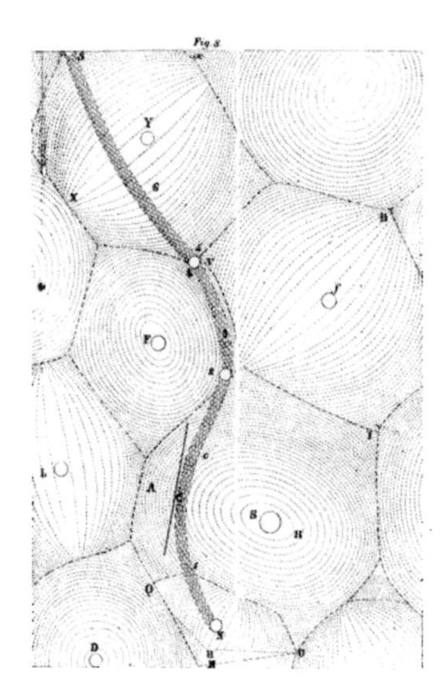

图 7.1　笛卡尔的涡旋宇宙模型

性。所有的性质都由微粒的外在属性决定，例如食物中有较多尖锐的微粒就会让人觉得辣，诸如此类。

机械论认为事物的运动无非是微粒之间的外在碰撞的结果，宇宙中充满了以太微粒，这些微粒构成一个个涡旋，涡旋之间的推挤造成了我们看到的事物下落的原因（图 7.1）。

另一些科学家并不持非常鲜明的机械论立场，但他们也以类似的方式思考问题。

伽利略认为科学只研究“怎样”（How）而不管“为什么”（Why），后者是一个神学问题，或者说至少在研究运动的科学中不必考虑。在讨论“重力”时，他指出，宣称某物“因为重力”而下落，等于什么也没说，无非是给本质上仍然未知的原因赋予一个随便什么名称，把这个“重力”换成别的什么词都差不多，所谓“因为重力”无非还是“因为未知的原因”，我们能知道的始终只有该物体将会“怎样”下落而已，而对“重力”的本质仍一无所知。

2. 牛顿力学

我们知道，牛顿是科学革命的集大成者，他在《自然哲学的数学原理》中建立起来的经典力学体系取得了空前的成功，“万有引力”把天上的运动与地上的运动统一起来，普适的牛顿三定律为万物立法。那么牛顿又是如何解释“重力”的本质的呢？

所谓力学（mechanics）其实就是“机械学”，是那个只关注事物外在关系的应用数学。但这个翻译并不错，因为牛顿的“机械学”的确以“力”（Force）为核心概念。

事实上，牛顿也并没有解释力的本质，他把自己的著作命名为《自然哲学的数学原理》，意思是我给出的理论并不是“自然哲学”（对万物原因的回答）本身，而只是其数学原理。在这方面他和伽利略一样，认为仅仅把力称为原因，并不能解释原因，他的工作只是为这个姑且命名为“力”的东西确定了其数学方面的规则罢了。

这一点很容易理解，事实上，在牛顿力学中，“力”只是一个符号——F, F 被定义为质量乘以加速度（$F=ma$）。但这里的 F 与我们日常所说的用力、大力、气力、法力、活力等都没有必然关系，F 的意思完全由牛顿给出的“数学原理”所规定。原则上说，我们把 F 换成 L 或 P 或 X 之类的都行，管万有引力叫作万物有情、万物有气、万有查克拉之类，在数学上都是完全等价的。我们完全可以把 $F=ma$ 置换为 $L=nb$，把“受到 1 牛的力”替换为“受到 1 马的屁”也行，只要符号与符号之间遵循既定的规则，那么把符号读作什么就丝毫无损于牛顿力学的精确性和预测力。

把这种仍然神秘莫测的“力”引入“机械学”，其实是颇具争议的。因此同时代的机械论者（主要是笛卡尔的信徒）不容易接受牛顿的学说，认为他把机械论者好不容易从科学中排除掉的神秘概念引回来了。引力作用显然不是可见的、外在的机械碰撞。牛顿依赖于这一观念，似乎是一种倒退。

的确，在很多方面牛顿比同时代人更保守，他是最后的炼金术士，有些科学史家认为，正是他的炼金术背景，使得他更容易接受内在的神秘作用（他在炼金术手稿中更早提出类似引力的超距作用）。但从结果上看，牛顿力学的确标志着“机械自然观”的彻底完成，这种彻底性可能是牛顿本人都无法接受的，但在牛顿的信徒那里，牛顿力学以更极端的方式被接受了。

牛顿认为在“数学原理”之上仍然还有尚未揭示的“自然哲学”，而牛顿的信徒则径直把“数学原理”当作了“自然哲学”。万物在本质上就是数学的，除了数学的常数和方程所规定的东西之外，万物没有别的东西，万物是且仅是可被数学刻画的东西。如此一来，“力的数学原理”就是“力”本身，可见的数学结构本身就是最终的原因，除此以外别无其他。

科学革命意味着人们感受世界的方式发生了变化，人的身体感受让位于冷漠客观的数学方程，成为最“自然”的东西。你用手推拉物体，感受到的活生生的“压力”，与你计算牛顿的方程，在数学符号中界定的“F”，这两种“力”究竟哪个更真实、更基本？

牛顿力学的建立虽然压根不依据于人们对现实中“力”的理解，F

只是一个任意指定的符号，但反过来，在牛顿力学建立之后，现实中我们所感受的“力”反倒需要用牛顿力学的数学规则重新解释才行了。

这一节貌似与技术史没有关系，只是对科学革命的讨论，但这恰好是技术史中承上启下的关键环节。我想暗示的是，这种感受习惯的变迁，正是机械技术潜移默化的影响。“机械观”与机械技术相辅相成，互相推动，互为因果。古希腊到中世纪机械的崛起，孕育了作为科学革命之前提的机械论自然观；而当牛顿让机械学登上王座之后，一个由机器主宰的新时代也即将拉开帷幕。

第八讲　蒸汽机

1. 蒸汽机前史

工业革命最具标志性的机械毕竟是蒸汽机，而詹姆斯·瓦特则是工业革命的代表人物。

当然，瓦特并不是第一台蒸汽机的发明人，在他之前，钮可门的蒸汽机早已在英国的矿场流行。要追溯蒸汽机的起源，还要从更早讲起。

之前提到，早在公元1世纪，希腊人希罗就已经发明出靠蒸汽驱动旋转的气转球装置（图8.1），以及其他许多火力、水力、风力、气动装置（如图8.2、图8.3）。传说中阿基米德也发明过蒸汽驱动的大炮。

图8.1　希罗的汽转球（现代重制）

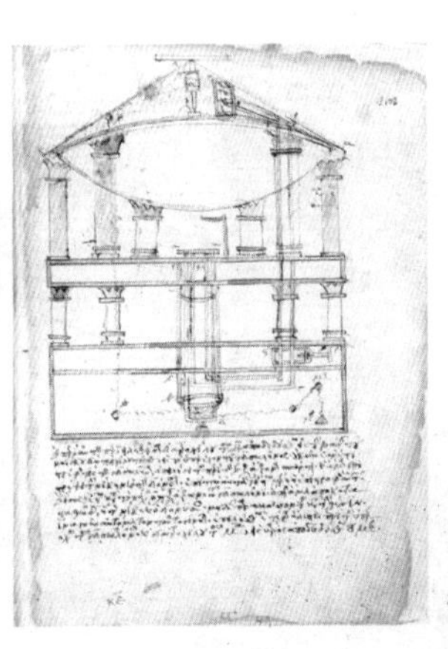

图8.2　希罗的“自动售货机”（供应葡萄酒和牛奶）

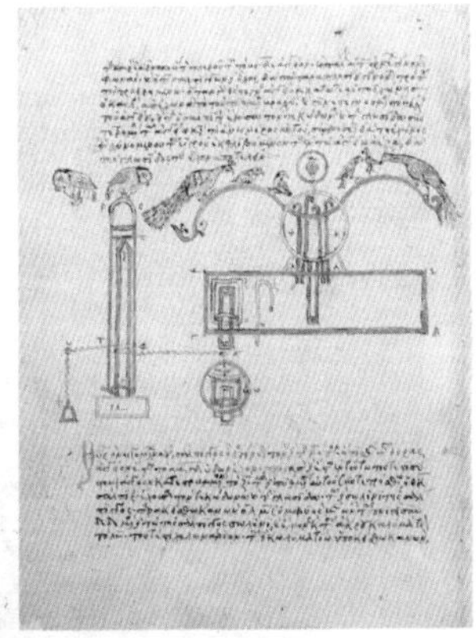

图8.3　希罗的水力鸟鸣器

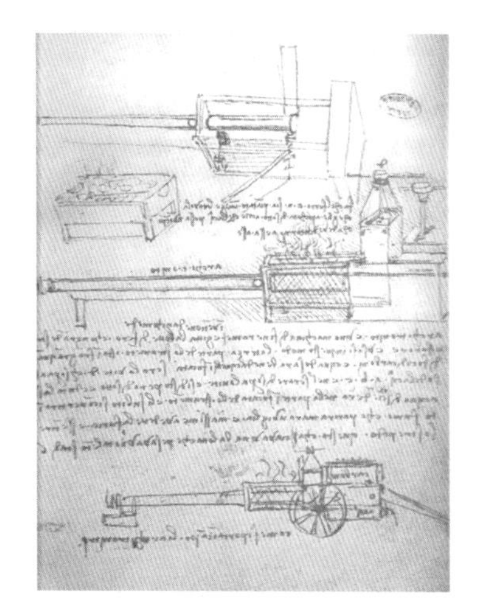

图 8.4　达·芬奇手稿中的蒸汽炮

莱昂纳多·达·芬奇也重新设计过蒸汽大炮（图 8.4）。达·芬奇主要以绘画名著于世，但他自己的身份认同其实主要是军事工程师，他还设计过直升机（图 8.5）、扑翼飞机（图 8.6）、坦克车（图 8.7）等战争机器，可惜大概是太过超前，没有付诸实现。

但钮可门和瓦特最初的蒸汽机与汽转球和蒸汽炮不大一样，汽转球和蒸汽炮是蒸汽做功，但钮可门和瓦特的蒸汽机其实是大气压做功。它们依赖的其实是大气对真空容器的压力形成动力。这类“大气机”的基本概念首先要追溯到真空泵。

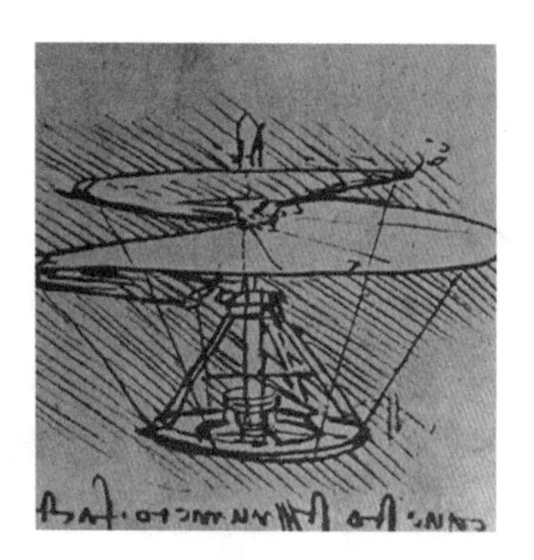

图 8.5　达·芬奇手稿中的直升机

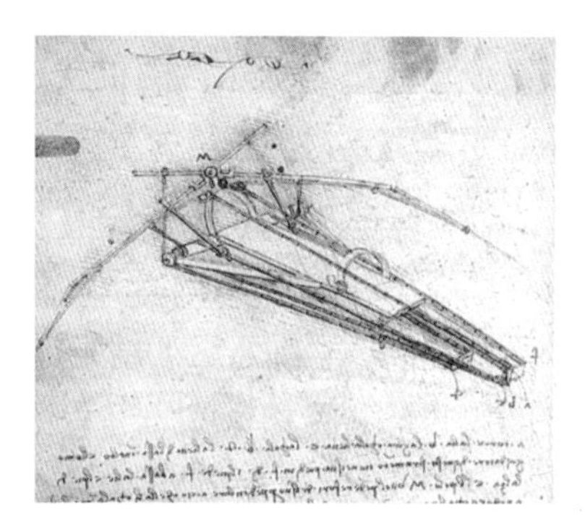

图 8.6　达·芬奇手稿中的扑翼飞机

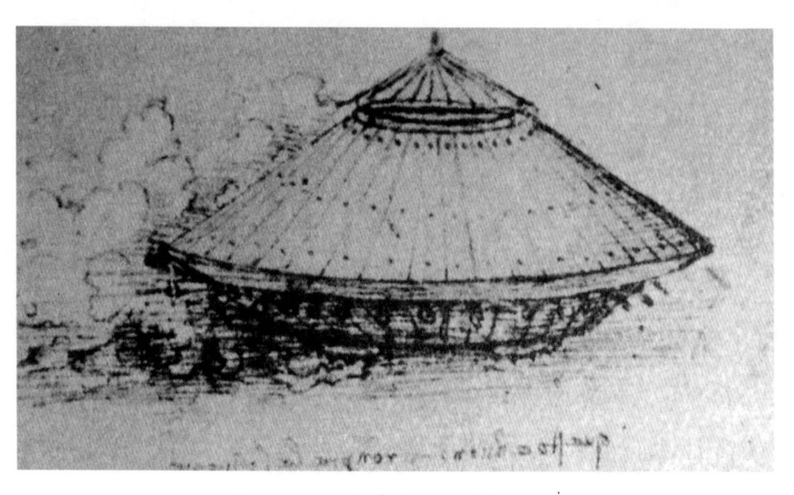

图 8.7　达·芬奇手稿中的坦克车

在科学革命时期，对气体和真空的研究成为热门。在古希腊科学家看来，“真空”是不存在的。在亚里士多德看来，空间无非就是事物的轮廓，没有任何事物存在的纯粹的空间是不可想象的。而到了近代，越来越多人以各向同性的纯粹空间取代了各向异性的有机宇宙，真空的概念终于得到了公认。

同时，对真空的认识也是理论科学最早与实际工程问题相结合的一个例子，首先是水泵技术的发展刺激了相关研究。在当时，随着水泵技术不断精益求精，它的固有极限显得越来越碍眼了。那就是，无论如何精密打造的水泵，顶多都只能把水抽到 10 米左右的高度，再也不可能往上抽了。

人们在工程实践中发现了这一问题，便想到找科学家求解。在 1635 年，某位公爵就把这一难题委托到了伽利略头上。垂老的伽利略本人并没有解答这一难题，在 1642 年就去世了。不过，担任伽利略最后几年秘书的托里拆利延续了这一课题，最终在 1643 年给出了解答。托里拆利提出了真空与大气压的概念，并发明水银气压计（图 8.8）以演示和测量大气压和真空的存在。

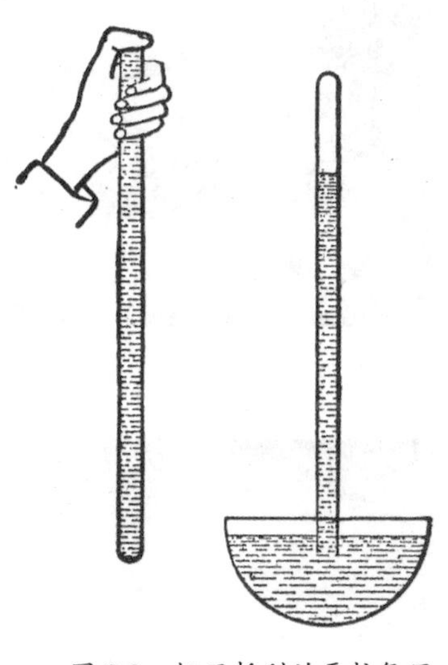
图 8.8 托里拆利的汞柱气压实验

1650 年，马德堡市长盖里克发明了真空泵（图 8.9），并在 1654 年举行了声势浩大的公众演示（图 8.10），在神圣罗马帝国皇帝的见证下，两个半球之间抽成真空后，用 30 匹马都拉不开。

图 8.9 马德堡半球和盖里克的真空泵

稍后，到 1659 年，波义耳在胡克的协助下改进了真空泵，把金属半球改成了中空玻璃容器（图 8.11）。玻璃容器的好处是可以在真空环境下做看得见的实验，虽然不如马德堡半球声势大，但内容更丰富，设置更灵活，故颇受公众欢迎。1768 年，约瑟夫·莱特在油画《气泵里的小鸟实验》（图 8.12）中，描绘

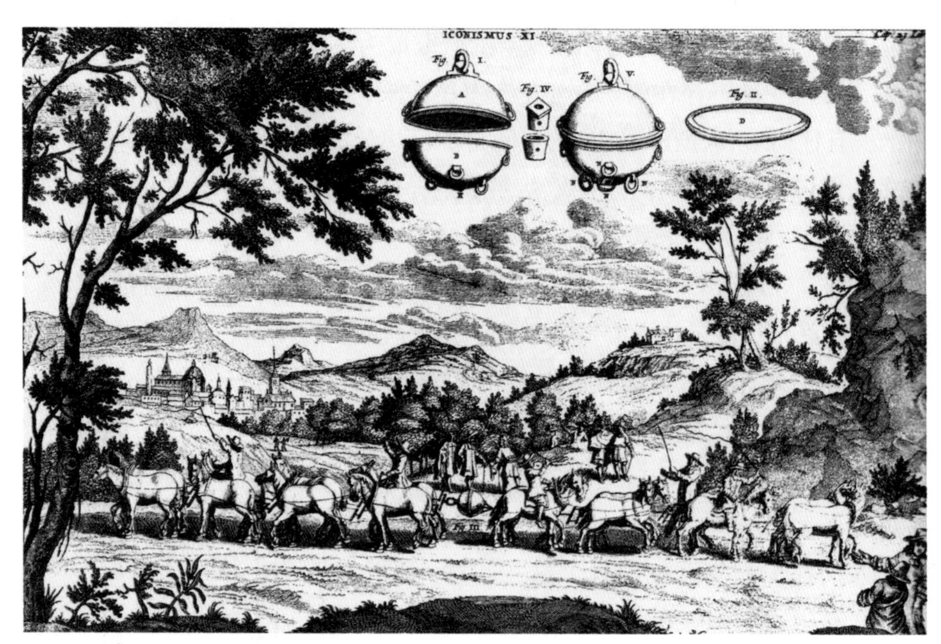

图 8.10 马德堡半球实验

图 8.11 波义耳的真空泵（复原品）

了 17—18 世纪流行的公众科学实验的场景：科学家演示当抽走空气后小鸟很快死亡，观众有时尚的男女青年和带着孩子的家长。在大大小小的公众实验的推动下，真空的概念和现象很快深入人心。

接替胡克，丹尼斯·帕潘（Denis Papin，1647—1713）也为波义耳做过助手，辅助进行真空泵等各种实验。在 1681 年，他发明了一种“软化骨头的器具”，初衷是为了更妥善地处理实验过程中产生的动物尸骨（比如气泵里死了不少小鸟）。这一器具实质上就是最早的“高压锅”（图 8.13）。

用过的人都知道，高压锅并不能完全密闭，其最关键的技术环节其实是“安全阀”（图 8.14），要保证高压气体能适当漏出。排除蒸汽之后，一旦内部蒸汽冷却，气压就会减小，造成锅盖被“吸住”的现象。

可能是在高压锅的发明中受到启发，结合了阀门和活塞，帕潘随后又发明了活塞蒸汽机（图 8.15）。在这一蒸汽机中，蒸汽冷却之后不是吸

图 8.12　油画《气泵里的小鸟实验》

住锅盖，而是吸住活塞，产生机械动力。

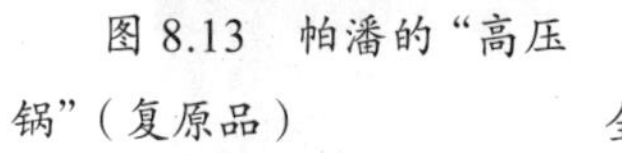

图 8.13　帕潘的“高压锅”（复原品）

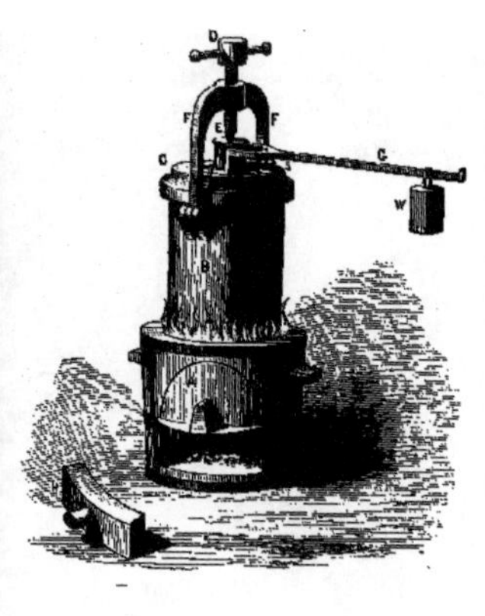

图 8.14　帕潘高压锅（安全阀的设计）

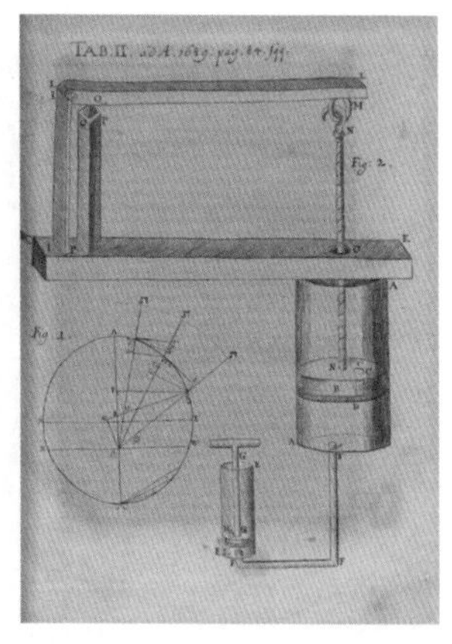

图 8.15　帕潘的活塞蒸汽机

2. 萨弗里和钮可门

图 8.16　萨弗里的蒸汽泵

帕潘最初的蒸汽机还只是实验室模型（他后来还在莱布尼茨的帮助下改良过萨弗里的蒸汽机），而第一个商用的“蒸汽机”，是萨弗里在1698年取得专利的“矿工之友”（图 8.16）。

严格来说，它不是一个“蒸汽机”，而只是一个“蒸汽泵”。它不包含活塞，并不输出机械动力，只是利用蒸汽冷却之后产生的真空把地下水抽上来。

顾名思义，“矿工之友”是给矿场用的。当时英国的城市化和各种手工业的发展，激化了能源短缺的状况，煤炭开始在许多领域替代木材。而煤矿往往都伴随着地下水脉，开采过程中必须不断地排出地下水才行，因此，萨弗里的水泵在煤矿大有用武之地。蒸汽泵需要反复加热缸体，燃料消耗极大，在煤矿中也正好能就地取材。

当然，这种水泵无法超过大气压的极限，也就是说，它不可能把水抽到10米以上的地方，实际使用时可能有效高度只有六七米。随着英国煤矿的不断开发，煤矿越挖越深，远远超过10米的矿井比比皆是，这就需要在不同深度布置多台蒸汽泵，接力运作。

不过萨弗里蒸汽泵也有好处，相比之后的钮可门蒸汽机或瓦特蒸汽机，萨弗里蒸汽机体积更小，容易搬动，适合灵活布置，因此在18世纪后半叶仍有一定市场。

另外值得一提的是，萨弗里取得了蒸汽机的专利，当时也正好是英国的专利制度趋于健全的时期。1624年英国颁布的《反垄断法》确立了专利权，但一开始其管辖范围还比较模糊，主要是针对商品的专营权。而到了1690年，洛克在《政府论》中提出“知识产权”的概念，把知识本身也明确纳入了保护。

萨弗里的蒸汽泵就得到了专利保护，之后钮可门在世的时候一直都要给萨弗里交专利费。专利制度虽然限制了技术的复制，但激励了更多人积极投入发明创新之中，整个18世纪，发明家们前赴后继地对蒸汽机发起改进。

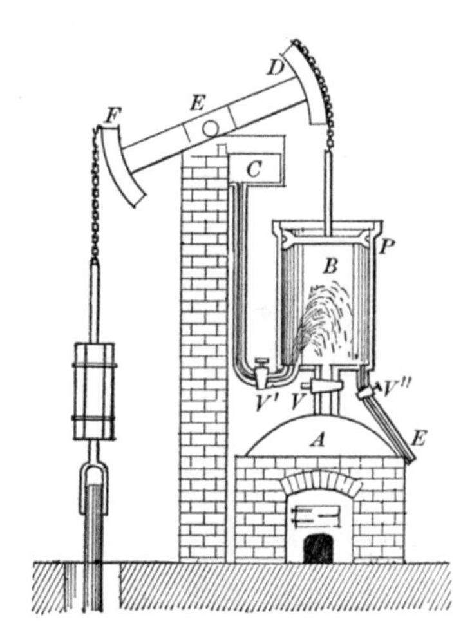

图 8.17 钮可门蒸汽机示意图

钮可门综合了帕潘和萨弗里的技术，在1712年发明了钮可门蒸汽机。充满蒸汽的汽缸冷却后并不是直接用于抽水，而是去抽拉活塞，再让活塞连接机械装置去驱动机械抽水机（图8.17）。另外，通过阀门控制，钮可门蒸汽机通过向汽缸内部（而非外壁）喷洒冷水来让蒸汽冷凝，从而节省了一定的热量消耗。

图 8.18 钮可门蒸汽机的教学模型

钮可门蒸汽机的商业化也比较成功，在1733年已经有大约125台蒸汽机在矿场运作。这些布置在矿场的蒸汽机都非常庞大，但当时人们还制作了许多供教学和实验使用的模型机（图8.18），这些实验器具的流行给瓦特的改进创造了机会。

3. 瓦特遇到蒸汽机

詹姆斯·瓦特（1736—1819）出生于一个工匠家庭，他的祖父和父亲都从事造船业，包括航海仪器维修，在自家后院开设有工坊。

但到了这个时代，“工匠家庭”早已不再意味着“家境贫寒”，事实上，瓦特的祖父声望颇高，做了当地的市政官和参议员。瓦特的母亲则出身于传统的书香门第。可以说瓦特出身于优渥的家庭环境。

瓦特有几个哥哥姐姐，但都夭折了，幸存的小瓦特备受呵护，直接起了父亲的名字（詹姆斯）。瓦特小时候也体弱多病，因此没有被送去正规学校，而是被送到母亲娘家去接受教育，受到了良好的数学和文法训练（当然，瓦特更爱好数学）。稍大一些后，瓦特上过文法学校，还经常在父亲的工坊里学习。相比学术研究，瓦特显然更喜欢摆弄仪器。

到瓦特 18 岁时，母亲去世了，父亲的健康状况也每况愈下。他只身前往伦敦，学了一年仪器制造。

中世纪晚期以来，手工业行会已经充分发展起来，各门工艺对于从业者都有严格要求，一般都需要有可靠的师承关系，并经历至少 7 年的学徒期，才能够“出师”，经营自己的工坊。而瓦特的学徒经历显然不够，虽然他从小就在母亲的家教和父亲的工坊中自学成才，但试图在行业中立足，还是四处碰壁。

最后瓦特回到了家乡格拉斯哥谋生，此时机遇降临了。当时格拉斯哥大学有一批损坏的天文仪器需要维修，通常它们需要被运送到其他大城市找专业的工匠修理，一来一回大费周章。但有人提议不妨让本地的瓦特先试试，大不了修不好再运出去。而瓦特也非常争气，完美完成了维修任务。因此受到了格拉斯哥大学若干知名教授（包括化学家布莱克、经济学家亚当·斯密）的举荐，被允许在格拉斯哥大学开设一间仪器维修工坊（1757 年）。

入职大学之后，瓦特也没有满足于维修员的本职工作，而是和许多教授和学生都保持良好的交往。自 1759 年起，他就与约翰·克雷格（John Craig）合伙经营乐器与玩具，直至 1765 年克雷格去世。

同时，在与布莱克、罗比森（John Robison）等大学中结识的朋友的交流中，瓦特逐渐对蒸汽机产生兴趣。正好，到 1763 年，瓦特接到了维修钮可门蒸汽机的任务，给了他近距离考察蒸汽机的机会。

前文说到，作为教学仪器的蒸汽机模型是缩小版的。我们知道，在钮可门蒸汽机中，汽缸壁要被反复加热和冷却，而在体积缩小时，缸体表面积带来的热量损耗就变得更加显著，蒸汽机的效率显得特别低。这种低效率让瓦特感到不满，因而想到了要改进它。

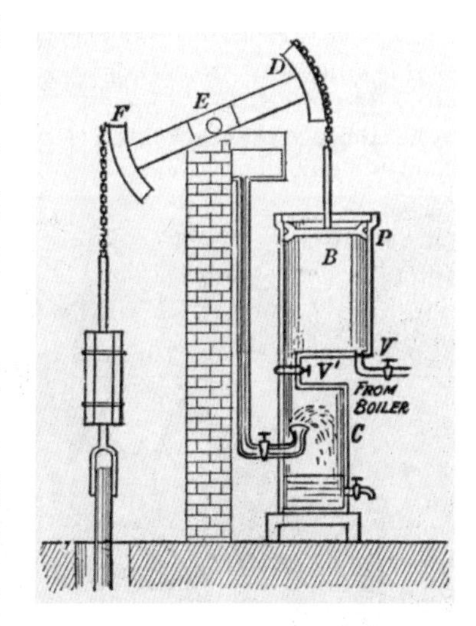

图 8.19　瓦特蒸汽机示意图（在钮可门蒸汽机基础上增加独立的冷凝器 C）

瓦特的改进首先是针对蒸汽的冷凝过程。他增加了独立的冷凝器（图 8.19），只要开启阀门让冷凝汽缸与充满蒸汽的动力汽缸打通，就可以让蒸汽冷凝。但在阀门关闭时，冷凝器相对独立，这样就不需要让汽缸壁被反复加热和冷却，而是可以保持连接活塞的动力汽缸始终是热的，而冷凝汽缸始终是冷的，大大减少了能量损耗。

他在 1765 年取得了这一关键突破，并在 1769 年取得了专利。

4. 瓦特的“水壶”

瓦特是怎么想到蒸汽冷凝的改进方案的呢？并不是简单的“灵机一动”，而是与长期的思考和有针对性的实验有关。

关于瓦特，有一个广为人知的“神话”故事，那就是瓦特在很小的时候就表现出来非凡的求知欲，有一天他注意到烧开的水壶咕嘟嘟冒气，就对蒸汽产生了兴趣，因为沉迷于水壶，而被长辈训了一顿。

这个流传甚广的故事得到过瓦特的儿子和姨妈的确认（这并不能证明该故事是真实发生的，很多时候为了强调发明家或科学家优先权，科学家本人或其继承人会编造类似的灵感故事）。“水壶”甚至成了工业革命的象征（图 8.20）。但这个故事

图 8.20　1988 年格拉斯哥花园节上展出的巨型水壶模型

在流传过程中，其具体细节变得面目全非。除了长辈经常从姨妈换成奶奶（事实上瓦特的奶奶在瓦特出生前就去世了）之外，最关键的细节是：瓦特究竟对水蒸气的什么方面感兴趣？

图 8.21 来源于 http://www.intaglio-fine-art.com/prints/trades-professions.html Watts Experiment in Steam 小瓦特对水壶做蒸汽实验

在流行的版本中，瓦特感兴趣的是蒸汽顶开壶盖的力量（图 8.21），从而想到了开发蒸汽的动力。但这无疑是一个误解，我们已经说明了，首先，瓦特并不是蒸汽机的首创者，不需要从水壶中重新发现蒸汽的力量；其次，瓦特和钮可门的蒸汽机，都不是利用蒸汽膨胀而顶出来的压力，而是正相反，利用蒸汽冷凝之后“缩回去”的力，也就是缸内真空导致外部大气压做功，原理和蒸汽顶开壶盖完全不同。

图 8.22 Watt and the Tea Kettle（银汤匙版本）

但另一幅绘画（图 8.22）可能更接近故事的原意。小瓦特关心的不是蒸汽的“力量”，而是蒸汽的“性质”，是蒸汽与水的关系。在这个版本的故事中，小瓦特拿着银汤匙凑近水壶嘴，仔细观察蒸汽冷凝的现象。

瓦特一生都保持着对化学的兴趣，他写过几篇化学论文，包括“水的组成”问题、“人造气体的药用价值”等，可见，他对水和气体长期保持兴趣。他受到当时燃素论传统和布莱克的潜热理论的影响，认为水蒸气冷凝是一个水与“热”之间的化学反应。

那么，瓦特对水的成分和水蒸气的性质的长期兴趣，是否帮助他想到了蒸汽机的改进方案呢？许多人不承认其中的关系，因为瓦特的化学观念和潜热概念从现在看来都是错误的。但是，错误的理论未必不能启发成功的实践。他的科学兴趣首先帮助他聚焦于冷凝过程，其次也促使他有意识地采取实验方法。

在瓦特1765年（取得突破前夕）的实验手稿中，水壶的形象令人瞩目（图8.23）。瓦特的发明的确与水壶密不可分，但其并不是作为少年时代的灵感来源，而是作为实验用具发挥了关键作用。这一页手稿说的是测量水蒸气冷凝前后的体积变化，瓦特的数据其实偏差极大。

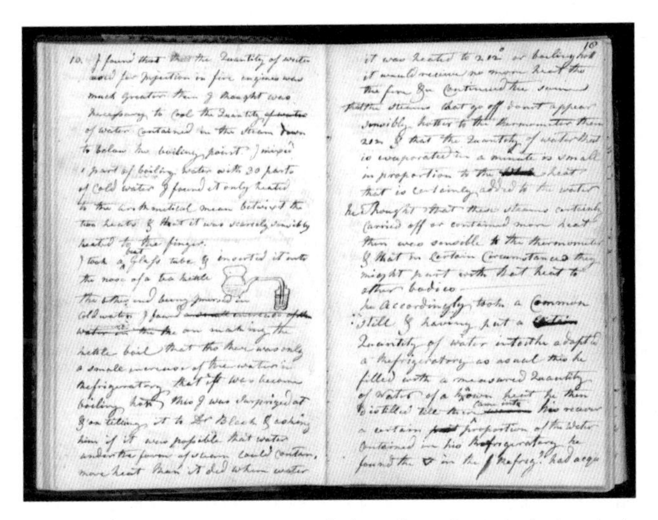
10. I found that the Quantity of water
used for injection in fire engines was
much greater than I thought was
necessary to cool the Quantity
of water contained in the steam down
to below the boiling point. I mixed
1 part of boiling water with 30 parts
of cold water I found it only heated
to the arithmetical mean betwixt the
two heats & that it was scarcely sensibly
heated to the finger.
I took a bent glass tube & inserted it into
the nose of a tea kettle
the other end being immersed in
cold water. I found on making the
kettle boil that tho there was only
a small increase of the water in
refrigeratory that it was become
boiling hot, this I was surprized at
& on telling it to Dr Black & asking
him if it was possible that water
under the form of steam could contain
more heat than it did when water

10
it was heated to 212° or boiling hot
it would receive no more heat from
the fire & continued the same
that the steams that go off don't appear
sensibly hotter to the thermometer than
212 & that the Quantity of water that
is evaporated in a minute is small
in proportion to the heat
that is certainly added to the water
he thought that these steams certainly
carried off or contained more heat
than was sensible to the thermometer
& that in certain circumstances they
might part with that heat to
other bodies
he accordingly took a common
still & having put a
Quantity of water into the adapter
a refrigeratory as usual this he
filled with a measured Quantity
of water of a known heat he then
distilled till came into his receiver
a certain proportion of the water
contained in his refrigeratory he
found the in the refrig had acqu

图8.23　瓦特1765年带有水壶示意图的手稿，来自birmingham library网站

这种通过有理论指导的（无论理论是否正确）定量实验（无论测量是否准确）来推动进行有意识的技术改进的做法，是古代工匠传统中所缺乏的，也是科学革命之后的新现象。在瓦特的时代，理论科学与技术发明仍然是脱节的，仍不能把技术简单地看作是科学的"应用"。但这种科学与技术的亲密关系已经初露端倪了。

现代技术与现代科学共享着一种核心的逻辑，那就是"预先控制"，通过定量测算和受控实验，事物在实际产出之前就已经被决定好了一切。

在实际生产之前，瓦特就已经通过模型机获得了专利，认定为利用他改进的机器消耗同样的煤产生四倍于钮可门机的动力。这里蕴含的"功率"的概念本身就是新颖的，后来人们以"瓦特"作为功率的单位，以示纪念。

瓦特的贡献并不是从无到有发明蒸汽机，而是在现有蒸汽机的基础

上改良其"功率"，这一事实反而更加凸显他作为工业革命标志人物的象征意义。工业时代是一个崇尚"效率"的时代，这种由定量实验科学指导下的有计划的对效率的改良，是古代工匠传统中极为罕见的。我们已经看到，古代的机械设计更多地考虑的是如何巧妙地达成目的，但并不会特意去精确计算效率或功率问题。瓦特的发明成为工业时代的心脏，而瓦特发明的方式也体现了工业时代的精神。

5. 博尔顿与月光社

工业时代更重要的联盟不只是科学与技术的结合，还有技术与商业的结合。科学技术与新兴的资本主义重商环境互相支持，推动了现代工业的高歌猛进。

好的创意不一定总能变成成功的商品。瓦特取得专利之后，找到了在化学工业领域小有成就的罗巴克合伙成立公司，生产蒸汽机。但因为活塞和汽缸的加工工艺不到位，投产遇到挫折，最终导致公司破产。

瓦特和罗巴克破产之后，瓦特的专利被用于清偿，其中一位大债主博尔顿（Matthew Boulton）选择了拿专利抵债（另一位大债主缺少点眼光，选择拿现金）。本来瓦特的专利将于1775年到期，而博尔顿游说议会，把专利延期到1800年。

眼光长远的博尔顿不但要专利，还要瓦特本人，他和瓦特合伙成立了"博尔顿—瓦特"（Boulton & Watt）公司，并支持瓦特进一步改良蒸汽机，同时引入最先进的制造工艺，成功投产。

博尔顿还使用了天才的销售策略。因为当时钮可门蒸汽机早已在矿场流行，在庞大的机器能够正常使用的情况下，很难说服一个矿场主推倒重来，更换一台尚不知究竟的全新机器。所以博尔顿—瓦特公司最初的销售策略是"免费改装"：针对已经布置了钮可门蒸汽机的矿场，公司提供免费的上门服务，现场改装（增加独立的冷凝器），然后矿场主只需要从未来节省下来的煤炭消耗中按照一定比例分期支付费用即可，不省煤不要钱。这样一来，立刻就打消了矿场主的顾虑，不装白不装，于是瓦特蒸汽机就迅速打开局面，名利双收了。

那么这位博尔顿乃何许人也？他是一个成功的企业家，在当时靠制造小玩意（金属小工艺品，如图 8.24）发家。更重要的是，他交际面非常广，和政界、商界和学界人士都有交情。作为业余的科学爱好者，他发起并主持了当时最重要的科学社团——月光社（Lunar Society）。

图 8.24 博尔顿生产的金属工艺品

月光社因每逢满月聚会而得名，成员包括博尔顿、老达尔文（查尔斯·达尔文的祖父，作家、博物学家）、富兰克林（美国国父，电学家）、威廉·斯莫尔（医生，曾教导过杰斐逊）、韦奇伍德（瓷器大亨，与达尔文家多次联姻，查尔斯·达尔文是其外孙兼孙女婿）、埃奇沃思（机械发明家）、托马斯·戴（作家，废奴主义者）、普里斯特利（化学家）、斯多克斯（药学家、植物收藏家）等。

瓦特与博尔顿结识之后，就被介绍加入这一社团，并成为月光社后期最活跃的成员之一。

月光社把“商人与学者平等交流”视为立社宗旨之一，重视开发科学成果的商业效益，这体现出那个时代科学、技术、政治与商业的密切关系，不同领域的杰出人士汇聚在一起，擦出的火花最终点燃了新的时代。

第九讲　纺织机

1. 从飞梭到骡机

蒸汽机的发明和改进固然受到科学革命的影响，但更多还是歪打正着的间接影响，工业革命更直接的背景其实还是当时殖民主义的经济环境。

图 9.1　三角贸易

随着新航路和新大陆的发现，殖民时代拉开帷幕，欧洲列强开始了血腥的“三角贸易”（图 9.1）。欧洲人从非洲购买黑奴，运到美洲开辟矿场和种植园，出产金银和各种农作物。当然，东印度公司之类继续在东亚打开市场。远洋贸易和遍布全球的殖民地为欧洲人打开了全球市场，各种商品多多益善，不愁没有销路。

矿产、香料和各种农作物都可以向殖民地购买，那么欧洲本土输出什么商品呢？就英国而言，羊毛和纺织品是主要的出口品。

伴随着不断扩大的对羊毛的需求，再加上农产品的进口和农业技术的进步，从 15 世纪开始，英国的地主们（后来是资本家们）开始巧取豪夺，从农民手中圈占土地，把农田改为牧羊场，这就是所谓的“圈地运动”，或者是莫尔在《乌托邦》中所说的“羊吃人”。

圈地运动推动了城市化和城市手工业的兴起，当然也推动了羊毛和纺织品的产量。

前文讲到，城市化造成的燃料紧缺促进了对煤矿的需求，带动了蒸汽机的普及。另一方面，纺织业的兴起则构成了工业革命的第二条主线。

所谓“纺织”，主要包含两个步骤——“纺”和“织”，先要把羊毛或棉花纺成纱线，然后再织成布。

纺织业的第一项技术革新来自织布机，1733 年，约翰·凯伊发明了“飞梭”（图 9.2）。

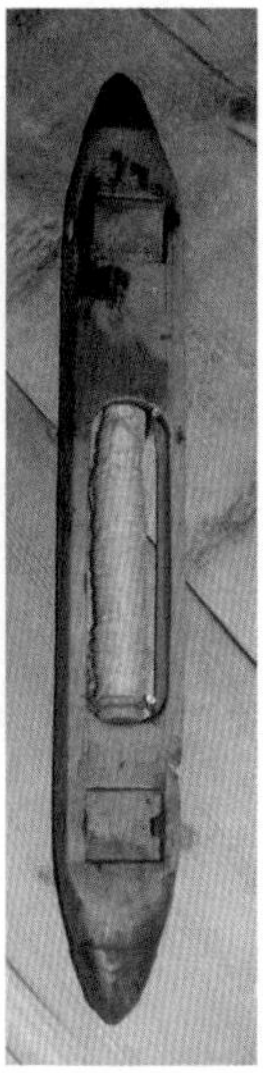

图 9.2　飞梭

传统织布机靠纺织工用手移动梭子，凯伊把梭子置入滑槽，用手柄牵动引绳，让梭子左右穿梭。这一设计一方面大大提升了织布的速度，另一方面让布匹的尺寸能够摆脱手臂长短的限制。

织布机的效率提升了，但纺纱还没有跟上，所以总的纺织速度并没有显著提升。织布的工作时间缩短了，但纱线还是就这么多，必然就导致织布工织完布之后无所事事。精明的工坊主当然就要解雇一部分织布工人。

于是，发明飞梭的凯伊被认为是砸了织布工的饭碗，而饱受怨恨，甚至遭到失业工人的暴力袭击。

无论如何，飞梭还是流行开来了，对纺纱步骤的改良也就成了下一个攻克方向。1738 年，保罗发明的兰开夏织机（图 9.3）取得了专利。他让纱线通过两个转速不同的辊筒，从而拉伸纱线，取代了人工的牵拉搓捻过程，因此有可能利用牲畜或水力来驱动辊筒旋转，从而节省人力。不过保罗投产后因机器制造工艺不佳，最终破产。

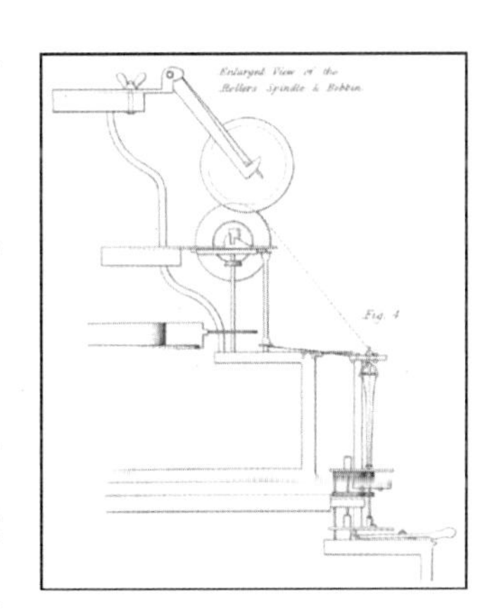

图 9.3　保罗纺织机 1758 年的专利图

到 1765 年，阿克莱特在保罗的基础上改进，发明了水力纺纱机（water frame），并在 1771 年与合伙人一道开办了世界上第一座水力纺织工厂（图 9.4）。

图 9.4　阿克莱特 1771 年建造的纺织工厂

图 9.5　珍妮机

另一方面，也是在 1765 年前后，詹姆斯·哈格里夫斯发明了著名的“珍妮机”（图 9.5）。以往纺纱只是一台机器带动一个纱锭，哈格里夫斯把纱锭并排竖置，使得一个纺轮带动多个纱锭（最初 8 个，之后可以是几十个甚至上百个）。

珍妮机并没有利用水力，依旧是工人手动操作，但通过一带多的设计，让效率成倍提升。

哈格里夫斯起初没有为他的发明申请专利，而是偷偷大量纺织，由于产量极大，终于引起同行注意，被人闯入家门破坏机器，不得已在 1768 年逃离家乡，到 1770 年终于申请了专利。

相传“珍妮”是哈格里夫斯女儿的名字，不过根据教会记录，他的女儿或妻子中没有一个叫珍妮的，也有人说珍妮（jenny）其实就是引擎（engine）倒过来读的昵称。

最后在工业时代大行其道的，是克隆普顿在 1779 年发明的“骡机”。所谓“骡机”，就是驴马杂交的意思，克隆普顿把珍妮机和水力纺织机结合在一起，让水力带动纱锭群。

一架典型的骡机长度可达 150 英尺（46 米），运转起来前后移动 5 英尺（1.5 米），每分钟移动 4 轮，同时带动 1320 个纱锭。只需要由一个看护者和两个男孩操作（图 9.6）。

这种骡机工厂成为工业时代的标准配置，直至 20 世纪初一直都是纺织厂的主流装备，只是动力源从水力变为蒸汽机，最后变为电力。

图 9.6 骡机厂房

2. 纺织机底下的阴影

早前我们讲到农业革命对人类个体而言未必是一件美事，农业革命之初，农民的生活往往更加苦难。农业革命离我们太过遥远，也没有文字记录，但关于工业革命的过程，我们了解得更多，我们有机会更切近地考察这种伴随着技术革命而来的苦难。

上面讲到的骡机工厂，一间厂房就只需一个看护者和两个男孩负责，这表面上看起来是机械极大地节省了人类劳力，但仔细琢磨，被节省的当事人可未必感到欢欣鼓舞。

一方面，所谓节省就直接体现为失业，工厂主可以用先进的机械替换掉熟练工人。而熟练工人操练多年的经验和手感在新机器面前一无是处，工厂主与其雇佣心存骄傲的熟练工，还不如雇佣价廉而听话的小孩子。

因此，虽然无数新工厂的建立需要越来越多的工人，但结构性的失业问题始终存在，由于技术日新月异，对旧技术的熟练很快就会过时，在用新技术取代旧技术的同时，也总是伴随着新工人替换老工人。

所以说，整个工业革命的进程都伴随着勒德分子（Luddite，勒德分子最初是指在19世纪初英国出现的一批有组织地通过破坏生产、捣毁机器等方式抵制工业化的失业工人，于1813年遭到镇压。但类似诉求的工人运动在这前后屡屡发生，“勒德分子”也泛指持有类似的反工业化观点的人。）的抵抗（图9.7），从飞梭开始，新技术的发明者经常遭到工

图9.7 1812年描绘勒德分子砸毁纺织机的版画

人的憎恨，许多人以为砸毁了省力的机器，失业者就有可能重新被雇佣，但结果当然是事与愿违。

失业者心怀憎恨，另一方面，雇佣工的日子也并不好过。随着工厂的机械化、自动化不断深入，工人的工作也越来越像机械，工人不需要精益求精、仔细雕琢，只需要按照既定的要求机械性地重复动作即可。同时，新式的工厂改变了工作的环境，工人不再是在自己家中或者人来人往的工坊中工作，而是到与世隔绝的车间中劳作。对家庭主妇们而言织毛衣可以是一个打发时间的休闲活动或者聚众聊天的社交活动，但对于纺织女工而言，她们的工作完全没有一点乐趣可言，只是一种为了拿到薪水而不得不忍受的折磨。

难怪技术史家芒福德在讨论工业革命为何由英国发起时，提到了以下这个理由：因为英国长期处于欧洲文明的边缘，相对更加野蛮，这种野蛮主义氛围使得英国更能够容忍工业革命之初的阴暗。芒福德说道："这些新兴的工业城镇没有哪怕一点文明的历史，除了无尽的劳作之外没有其他出路。工作重复而单调，环境肮脏，生活空虚，这里的生活可以说是野蛮、原始到极点。与历史的决裂完全而彻底。"[1]

童工[2]的泛滥最直白地彰显了新工业的野蛮面相。骡机只需要小孩就可以操作。男孩或女孩一般在 4 岁就开始了工作，在骡机工厂中担任"清道夫"（图 9.6 右下角），负责在开动着的纺织机底下钻进钻出，清理灰尘和碎渣。机器不会因为清扫而停下来，因此事故频出，受伤的小孩可能终生致残甚至直接死亡。到 8 岁时，他们的身体长大了，不再胜任清道夫的工作，就开始做小操作员，从 8 岁做到 15 岁，每天工作 14—16 个小时，再之后有可能成为更高阶的操作员，或者干脆被解雇。

1788 年，英国 143 家水力纺织厂的工人中有 2/3 是儿童。一份对 1818 1819 年间曼彻斯特和斯托克波特棉纺工厂的调查显示，有一半（49.9%）的工人是从 10 岁之前就开始工作的，而从 18 岁之后才开始工作的工人仅有一成（11.9%）。[3]为了保护儿童，1802 年颁布法案规定贫

[1] 芒福德：《技术与文明》，陈允明等译，中国建筑工业出版社，2009 年。

[2] 参考维基百科 Mule scavenger 条目。

[3] Galbi, Douglas. Child Labor and the Division of Labor in the Early English Cotton Mills. *Journal of Population Economics*, vol. 10, No. 4 (1997) , pp. 357-75.

困的儿童每天工作不能超过 12 小时。经过反复的斗争和不断加强的立法，到了 1835 年，英国未成年工人的比例终于降到 43%。

一位当代研究者评论说："工业革命的意义，无论怎么描述都不过分……工业革命之前的人类，竭尽全力与自然界保持一种脆弱的平衡状态。绝大部分人都在饥饿、疾病和衰老的威胁下，勉强地苟活在世界上……在新世界里，人们摆脱了饥饿和物资短缺的困扰。"[1]这是今天流行的看法，但是需要注意的是这未必是当时的主流。当时的工人和有识之士（以马克思为代表）发起了一次次的批判和抗议。

当我们今天享受着温饱和丰裕的时候，不能仅仅把这种福祉简单地归功于工业革命，而更不能忘记这一成就同样需要归功于整个 19 世纪此起彼伏的工人运动和仁人志士的不断抗争。

3. 织物漂白到化学工业

除了纺纱和织布之外，纺织业其实还有一个必要步骤，那就是最后对织物进行漂白（以及印染）。传统上的漂白无非是靠暴晒和淋尿，但随着工业革命的推进，纺织品产量剧增，传统的慢节奏的漂白工艺越来越难以满足需求了。

因为需求摆在那里，许多化学家和企业家都有意识地进行实验研究，想方设法改进漂白工艺。格拉斯哥大学的化学家布莱克就在 1770 年前后带着罗巴克和瓦特一起做实验。瓦特的岳父正是从事漂白行业的。瓦特本人热爱化学，他努力研究，也颇有建树。他发现把氯气通入弱碱溶液后具有良好漂白性能。但他还未公布这一发现，很快就被其他研究者超越。当时这一领域的竞争非常激烈，专利迭出。

所有的漂白剂研发者中，最成功的是坦南特（Charles Tennant），他在 1799 年取得了干性漂白粉（次氯酸钾）的专利，建立了漂白粉工厂，第一年产量为 50 吨。这种漂白粉效果明显，且轻便、安全，因而广受欢迎。到了 1830 年，坦南特的工厂已经年产 1000 吨。

---

[1] 罗杰·奥斯本：《钢铁、蒸汽与资本——工业革命的起源》，曹磊译，电子工业出版社，2016 年。

在坦南特的生产工艺中，氯化氢作为废气被排出，这很快让周边的农户怨声载道，于是坦南特树立起高达133米的烟囱（图9.8），从而让废气飘得更远，以缓解周边农户的控诉。这一化工厂一直运转到1922年，因被雷电击中而停止运营。

图9.8　坦南特的漂白工厂（1831年绘制）

化学工业的另一个标志是制碱工业的发展。碱的用途非常广泛，在漂白剂的制造中就需要用到碱，在玻璃、火药、造纸等产业中也需要碱。最初的碱主要是从草木灰中提取的钾碱，1730年起开始从海藻中提取钠碱（纯碱、苏打），但产量都很有限。

1787年，法国人吕布兰发明了以食盐为原料的制碱法，在1791年获得法国专利，但在法国大革命期间吕布兰并没有机会推广，反而遭到冲击，自此一蹶不振。1806年，吕布兰自杀。吕布兰制碱法被英国人学去后，在1823年，英国免除盐税，以食盐为原料的制碱法立刻大行其道，英国的钠碱很快从依赖进口变成了产量超过其他国家的总和。

化学家李比希评价说，纯碱的合成是“各类民用技艺中一切进步的基础”。一方面，碱的用途非常广泛，另一方面，在化学工业中往往会出现联动现象，针对某一种反应的提炼设备有可能应用于其他反应，某一反应的副产品也有可能催生另一条产业链。加上在拉瓦锡、道尔顿、李比希等人推动下18、19世纪化学科学的革命性发展，化学工业可以说是最早完成“产学研”联盟的工业领域了。

第十讲 铁路

1. 用蒸汽机带动车船

蒸汽机为煤矿场提供了动力源，但与此同时，新兴的纺织工厂仍然选择了水力。

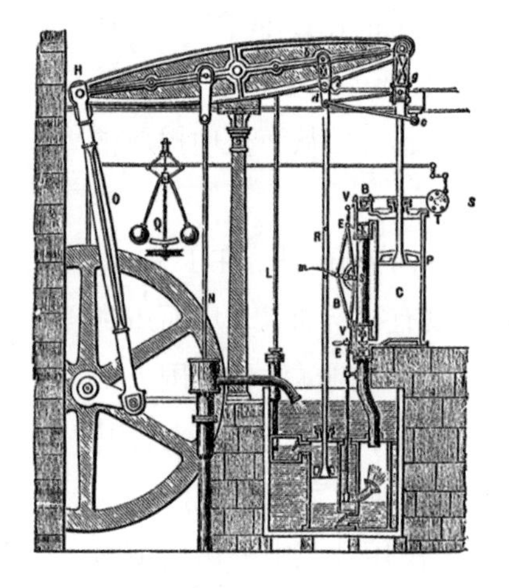

图 10.1 瓦特对蒸汽机的再次改进

事实上，瓦特为了让蒸汽机走出矿场，应用于更多场景，之后又做出了几项改进。包括离心调速仪（图 10.1 中的 Q）——通过离心力控制阀门，当机器过快时减少蒸汽输入，过慢时则增加蒸汽，使得机器的转速保持均匀。还有一套连杆装置（图 10.1 中的 O）——把活塞驱动的直线往复运动转换为匀速圆周运动，从而适应更广泛的动力需求。

关于如何把往复运动转换为圆周运动，瓦特公司还发明了一套“太阳与行星齿轮系统”（图 10.2），有人对这一发明评价非常高，因为把动力转换为圆周运动才可能让蒸汽机走向纺织厂等其他舞台。但其实直线运动改圆周运动并不需要瓦特才来发明，他之所以要发明这套齿轮系统，是因为更简单的方案——曲柄和飞轮组合已经被人抢先注册专利，用于改良版的钮可门式蒸汽机了。瓦特想共用此专利但没谈拢，最后依靠其公司员工威廉·默多克（他还是煤气灯的发明人）想出了替代方案，绕开了曲柄的专利。

图 10.2　瓦特的太阳与行星齿轮系统

将蒸汽机用于各种工厂并不是瓦特的创意，而是当时的普遍需求。制约蒸汽机普及的技术因素主要还是转速均匀性的问题（瓦特的协调器仍不够有效）；制约蒸汽机普及的经济因素则是燃料和产品的运输成本问题，煤矿可以就地取材，获得源源不断的燃料来产生蒸汽，但其他地方就不得不考虑运输问题了。

这两大问题都是要等待火车的发明，一方面火车意味着小型化的高压蒸汽机成熟，高压蒸汽机的输出更加稳定，解决了动力均匀性的问题；另一方面铁路的建设大大降低了运输成本，这样才终于使工厂和蒸汽机结合在一起。说起火车，先要讲讲铁路，铁路（轨道）的历史远比火车（蒸汽机车）更久远。

早在古希腊时期，人们就建立了一条穿越科林斯地峡的运船轨道"笛耳各斯"（Diolkos）（图 10.3），希腊人通过滑轮等装置，在石质通道上拖动船只。

图 10.3　笛耳各斯遗迹

供马车通行的轨道也早已有之，中国秦朝修建的直道可能就有对轨道的利用。在欧洲，则主要是从16—17 世纪开始，广泛使用木质轨道加速马车通行（图 10.4）。18 世纪

图 10.4　16 世纪的轨道车

末到 19 世纪初，随着炼钢产业的技术革新，钢铁的质量提高，成本降低，木质轨道逐渐被替换为铁轨。

在英国，这些铁轨特别流行，主要用来连接矿场和码头，可以迅速把矿产送往水路。矿场内部当然也遍布铁轨，甚至有人利用重力加速，在废弃矿场修建出刺激的“过山车”，例如法国人专门为路易十四修建了一套名为“大轮盘”的轨道系统。

至于用蒸汽机来带动交通工具，在瓦特之前就有许多人在努力开发了。在 1769 年，法国人库钮制造了一架蒸汽三轮车（图 10.5）。当时这架 4 吨重的机车以每小时 4 公里的速度晃晃悠悠驶上街头，并很快酿造了世界上第一起机动车交通事故（图 10.6），随后就因为危害公共安全而被法国政府禁止。

图 10.5 库钮的蒸汽三轮车（1771 年制造的第二台原件）

早期研制蒸汽机车的尝试很难成功，因为早期的蒸汽机都是依靠大气压（或常压蒸汽）做功，我们知道在压强一定（1 个大气压）的情况下，压力与面积成正比，因此常压蒸汽机要取得足够大的动力，体积势必非常庞大，很难被装在车上。

不过，船只倒是可以突破尺寸的限制，因此最早实用的蒸汽动力交通工具是轮船。

所谓“轮船”，是因为早期的蒸汽船都是靠明轮带动的。

图 10.6 1769 年描绘第一起“机动车事故”的版画

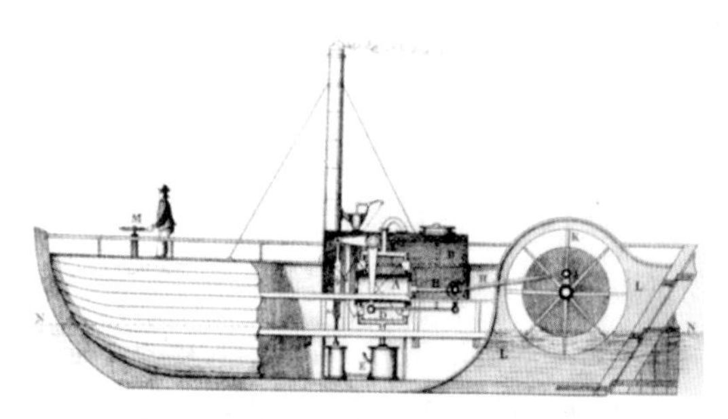

图 10.7　赛明顿的蒸汽船（1803 年）

苏格兰人分别在 1801 年和 1803 年下水试航两艘蒸汽船（图 10.7），航行还算成功，但因为顾虑可能对河道产生破坏而最终搁置。1807 年，美国人富尔顿将蒸汽船成功地商业化了（图 10.8、图 10.9）。在河网密布的美国内陆，蒸汽船扮演了举足轻重的角色，并在之后配合铁路，成为美国西部大开发的动脉。

图 10.8　1870 年书册上描绘富尔顿轮船试航的版画

The North River

Steam-Boat,

SAMUEL WISWALL, MASTER.

LEAVES New-York every Sunday morning, exactly at eight o'clock, and Albany at the same hour on Wednesday mornings. Her accommodations are in the highest state of improvement, and every attention is paid to passengers. For terms, &c. apply at Mr. Vandervoort's stage-office, No. 48 Cortlandt street, N. York; at Mr. Gregory's, Albany; or at Mr. Swart's, Hudson.

May 20, 1808. 03

图 10.9　1808 年富尔顿轮船航线的广告

2. 工业革命的集大成者

因为压强一定的话，推动力取决于活塞的面积，那么要缩小蒸汽机的体积而又保证强力输出，就要让高压蒸汽取代常压大气来做功。包括瓦特在内的许多发明家都在朝这一方向研究，瓦特公司的那位优秀员工默多克设计出了模型车（图 10.10）。但制造实用的蒸汽机车不只需要灵感，更需要更精密的铸造工艺。瓦特等人未能让高压蒸汽机实用化，第一个实用的高压蒸汽机，要等到特里维西克在 1800 年左右（或说 1797 年）完成（图 10.11）。一经完成，特里维西克很快就将其用到了车辆上，在 1801 年制造了第一辆蒸汽机车，他命名为“喷气恶魔”（Puffing Devil）（图 10.12）。

图 10.10　默多克设计的蒸汽机车模型

图 10.11　特里维西克的高压蒸汽机（1804 年的版本）

在第一次成功上路之后仅 3 天，“喷气恶魔”就出了事故，因发动机过热引发火灾，最终烧毁，特里维西克将其归咎于驾驶者的操作失误。

图 10.12　特里维西克 “Puffing Devil” 的现代复制品

1803 年，特里维西克又造出了一台载客机车，命名为“伦敦蒸汽马车”（London Steam Carriage）（图 10.13），在伦敦附近试运营。但它速度并不快（1 小时 10 公里左右），乘客还需要忍受轰鸣和颠簸，跑起来时整条路上的马车都要受惊避让。更不幸的是，当天晚上它又出了车祸，撞毁了街边房屋的护栏，让投资者对特里维

图 10.13 特里维西克的伦敦蒸汽马车

西克失去耐心。

祸不单行，同年，特里维西克的另一架被用于抽水的固定式蒸汽机发生了更大的事故——汽缸爆炸造成 4 人死亡，特里维西克仍然把问题归咎于操作失误，但瓦特和博尔顿却抓住这一事件大造舆论，宣传高压蒸汽机不够安全。

之后特里维西克继续多方推销，但因为当时为马车准备的路面和轨道都过于脆弱，承受不住蒸汽机车的重量，仍然事故频发，因此处处碰壁。

1808 年，找不到投资人、走投无路的特里维西克想要直接向公众推销，像马戏团那样在伦敦街头搞起了节目，名为“谁能抓住我”（Catch Me Who Can）（图 10.14、图 10.15），参观者花 1 先令买票，就可以体验乘坐或追逐火车。但运行过程中地面多次塌陷，特里维西克必须不断加固轨道，修缮费用越来越高，而人气却越来越低迷，直到 2 个月后的一次出轨事故之后，特里维西克关闭了这一项目。

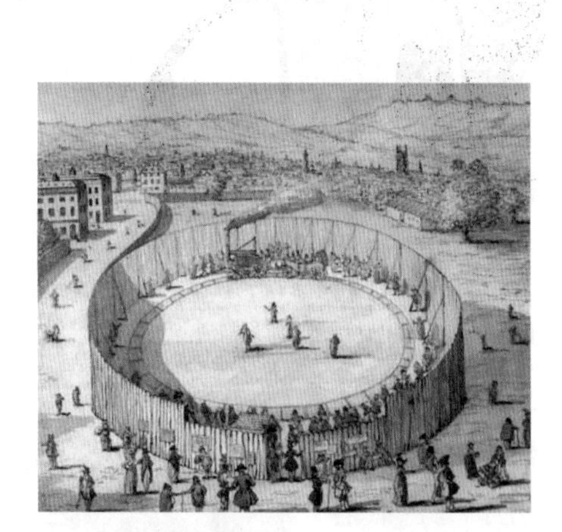

图 10.14 1808 年伦敦蒸汽马戏的景象，但这幅图片可能是 20 世纪绘制的

图 10.15 Catch Me Who Can 的门票

1811 年，特里维西克的公司终于破产。虽然在商业化方面最终失败，但蒸汽火车实用化的可能性已经得到证明。

后继者有许多，其中最成功的是在 1814 年开始建造火车的史蒂芬森（George Stephenson），他先把火车用于煤矿运煤（图 10.16）。

史蒂芬森注意到早期火车事故频发的问题，因此他的着眼点并不只是火车头，他还对车轮和铁轨进行了改进。他使用凸缘轮，从而更稳定地与轨道咬合；缩小轮子并增加了轮子的数量，以便重量更均匀地分布；使用更坚固的铸铁制造铁轨。这样即便火车一次运载 30 吨煤，也安全可靠。

图 10.16　史蒂芬森的运煤火车

除了火车头和铁轨，史蒂芬森更关注整个铁路生态的建设，他设计了双向线路，启用了信号系统和列车时刻表。

1821 年，史蒂芬森加入了在斯托克顿和达林顿建设铁轨的项目（图 10.17）。最初铁轨只是为了马车设计的，而在史蒂芬森的努力下，这条铁路最终兼容火车，成为第一条公共运输的铁路线（1825 年建成），火车与马车都能行驶。

图 10.17　斯托克顿和达林顿铁路上的火车

世界上第一条专跑火车的铁路线，是 1830 年开通的从利物浦到曼彻斯特铁路（图 10.18），也是由史蒂芬森主持建设的，火车带动多节车厢，可以运载许多乘客（图 10.19）。

图 10.18　1830 年描绘利物浦—曼彻斯特铁路的画作

图 10.19　利物浦—曼彻斯特的载客火车

为了保证铁路尽可能水平，施工时逢山开洞，遇水架桥（图 10.20），导致费用远超预算，好在最终还是圆满完工了。

图 10.20　史蒂芬森修建的高架桥，至今仍在使用

虽然在开幕首日的运行中就出了大事故——利物浦市一位议员因为擅自下车而被撞死，但铁路还是很快流行起来，在 1840 年前后全英国兴起了建设铁路的热潮（图 10.21）。

图 10.21　1837 年伦敦尤斯顿火车站（注意传统的敞篷车厢和现代感的铁架顶棚）

在英国，铁路网的形成是工业革命成果集大成的标志。第一条商用铁路连接起利物浦和曼彻斯特并非偶然，利物浦是大型港口，而曼彻斯特是当时的“棉花之都”，是棉纺织业最集中的城市。

铁路出现之后，更加速了工厂的扩张：工厂终于不再依赖于水力驱动和运河运输，从而可以脱离河流的束缚，可以在人口密集的地方开设。如此一来，工业化与城市化也达成了统一，工人这一新兴的市民阶级也开始崛起。

铁路连接起钢铁业、蒸汽机、纺织业、资本主义与城市人口增长，以上恰是工业革命以来最突出的成就，在这些领域之成果的共同作用之下，铁路的发明才得以可能，同时，铁路的流行又进一步推进了这些领域的发展。

铁路很快走出英国，在全世界扩张。与英国本土不同的是，对其他许多国家而言，铁路反倒先于工业化而到来。由于各国发展程度和地理状况不同，铁路的影响也各有不同，在此不再赘述。

第十一讲　流水线

1. 现代机床的发明

有人把1830年铁路的兴起视作“第一次工业革命”的完成，以1850年之后，电力和石油工业的兴起为“第二次工业革命”发起的标志。不过在我看来，“工业革命”应该与“农业革命”类似，是一个边界模糊的一次性事件，革命最终的结果是整个人类社会的组织方式、生活习俗乃至思想观念都发生了不可逆的剧变。在这个意义上工业革命有且只有一次，之后的重大变革不妨叫作“电力革命”“信息革命”等，或者一般而言的“技术革命”，而不必非要冠以“第二次、第三次、第四次工业革命”的说法。

铁路网的出现固然是工业革命成果之集大成，不过工业革命更具标志性的结果，还是人类生产方式的变革。从此，人类生活世界中的各种用具和消费品，都逐渐被工业产品所替换。

当我们说某一产品之工业化时，我们的意思是什么呢？一般来说，我们指的是该事物是由工厂流水线生产的标准化的产品。流水线式的生产模式是工业世界的基础。

传统的从事手工艺的工匠，往往在自己的工坊中训练和创作，每个工匠都有自己最熟悉的工作台和最趁手的工具，依赖丰富的经验和精准的手感来进行加工。优秀的工匠往往精益求精，不断精雕细琢，完成一个比一个卓越的作品。但是在工业时代，这种“工匠精神”完全过时了，丰富的个人经验反而受到排挤，精益求精、超越自我则完全只是添乱，现代化工厂并不需要“一件比一件更好”的生产方式，而只需要每一件都完全一致的生产方式。

这就是工业化的“量产”的逻辑，这种生产方式在印刷书这一批量产品中已经初露端倪，而到现代，我们不妨从“机床”的发明讲起。

机床的前身无非是工匠的工作台，包含各种辅助加工的工具，中世纪的钟表匠就在不断改进机床，以适应越来越精细的加工要求。

瓦特蒸汽机最初投产失利，也是因为工人的加工工艺不到位，而在博尔顿的帮助下，瓦特才有了坚实的后盾。

在瓦特蒸汽机的制造过程中，威尔金森在 1775 年改良的镗床发挥了至关重要的作用。镗床是用于制造炮管的，在瓦特这里被用于铸造汽缸。精确的加工尺寸才能保证汽缸与活塞严丝合缝。

在威尔金森之后，莫兹利（Henry Maudslay）一般被认作“现代机床之父”。他在大约 1797 年设计出了全金属螺旋切割车（图 11.1），这是一个里程碑式的发明。莫兹利把刀架固定在滑座上，只能在滑槽中进行前后移动。因此工人不需要熟练和敏锐，只需要固定好元件，然后机械性地摇动手柄，就可以加工出预期的尺寸。

MAUDSLAY'S SCREW-CUTTING LATHE
ABOUT 1797

MAUDSLAY'S SCREW-CUTTING LATHE
ABOUT 1880

图 11.1　莫兹利的螺旋切割车

通过预先调节齿轮的组合，就可以预先决定加工出多少螺距的螺纹，利用游标卡尺式的螺旋测量尺寸，可以把加工精度控制在万分之一英寸。

“预先控制”、标准化、傻瓜化，这是现代工业的核心逻辑，莫兹利的机床完美地体现了这些精神，无愧于“现代机床之父”的名号。

延续莫兹利的思路，他的学徒惠特沃斯在 1841 年提倡制定螺丝的规范标准（图 11.2），他提倡的标准很快被英国

图 11.2　惠特沃斯的螺丝制造机

官方采纳，即英制惠氏螺纹标准（BSW），成为世界上第一个由国家颁布的螺纹标准，并立即在克里米亚战争中指导炮艇和步枪的生产。

2. 可更换零件的思想

图 11.3　惠特尼肖像画，这幅画是摩尔斯绘制的

这些标准化的螺丝其实就是“可更换的零件”，而这一观念经常被归功于美国发明家惠特尼（图 11.3）。

惠特尼最重要的发明是轧花机（图 11.4），即自动摘除棉花籽的机械，他在 1794 申请此项专利，但直到 1807 年才被认定。因为这一机器很容易仿制，惠特尼原本想要从使用这一技术的种植园主那里收取专利费，但由于当时美国专利法刚刚制定，还很不成熟，加上南方种植园主向来自行其是，因此虽然轧花机很快流行（图 11.5），但惠特尼几乎没有从中获利，他的公司于 1797 年破产。

图 11.4　19 世纪的轧花机

顺便说一句，有人认为轧花机的流行突然加强了原本有些没落的美

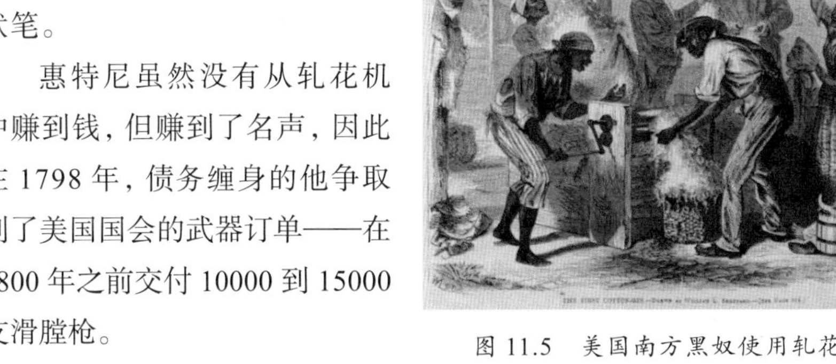

图 11.5　美国南方黑奴使用轧花机的场景（1869 年绘制）

国南方奴隶制，使南方的经济实力大增，为“南北战争”埋下伏笔。

惠特尼虽然没有从轧花机中赚到钱，但赚到了名声，因此在 1798 年，债务缠身的他争取到了美国国会的武器订单——在 1800 年之前交付 10000 到 15000 支滑膛枪。

惠特尼之后用各种理由拖延，一直到 1809 年才交付武器。考证发现，他可能挪用了这笔公款试图在轧花机行业翻身。

美国政府之所以能容忍惠特尼的拖延，也许与他 1801 年在美国国会上的精彩表演有关。他向国会议员介绍了“可更换零件”的思想，并拿着 10 把枪来当场拆解并打乱，然后重新组装起来，这给人留下了深刻印象。

但现在有历史学家认为这其实是一场骗局，惠特尼演示的 10 把枪是由熟练的工匠精心打造的，而不是标准化生产的结果，利用这种精雕细琢的生产方式根本不可能在预算内完成 1 万支可互换零件的枪械。

拖延多年后，惠特尼最终还是完成了订单，并且建设起了真正标准化生产的枪械工厂（图 11.6），在他死后才真正扩大生产。当然，他最重要的贡献是对可更换零件思想的鼓吹，让这一思想在工业时代深入人心。

图 11.6　1827 年惠特尼枪械厂的景象

惠特尼和惠特沃斯的可更换零件首要的用途就是军械制造，这并非偶然。因为在某种意义上说，士兵才是人类历史上第一个标准化产品。也许将领需要个性，但士卒并不需要任何独特个性，而是被当作整齐划一的“可互换”的东西，一个士兵死了就由另一个填上。

于是，为平均化的士兵打造的制式军装和制式武器，就成了最早的平均化产品，士卒的装备不需要个性鲜明，反而是最好千篇一律，最好能够在损坏时随时替换。

在中国古代，秦弩被认为是应用了可更换零件的思想，弩机有通用的规格，以便随时更换。在西方中世纪，盔甲和武器也倾向于保持一致。

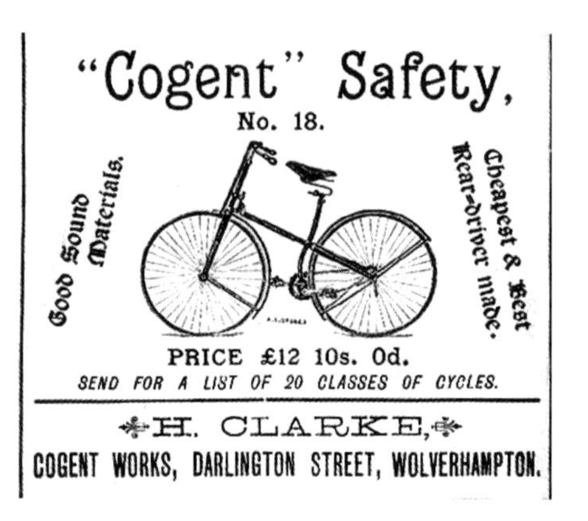

图 11.7　1887 年“安全”自行车的广告

可更换零件用于民用领域的最成功的产品，可能是 19 世纪末大为流行的自行车了（图 11.7）。纺织品和食品当然也都是工业化的产品，但是在工业时代之前人们也使用它们，而自行车这一工业产品对每家每户而言都是全新的东西，最能代表工业化对日常生活的改造。在中国 20 世纪 50—60 年代的工业化进程中，自行车也是体现生活改善的“三大件”之一。

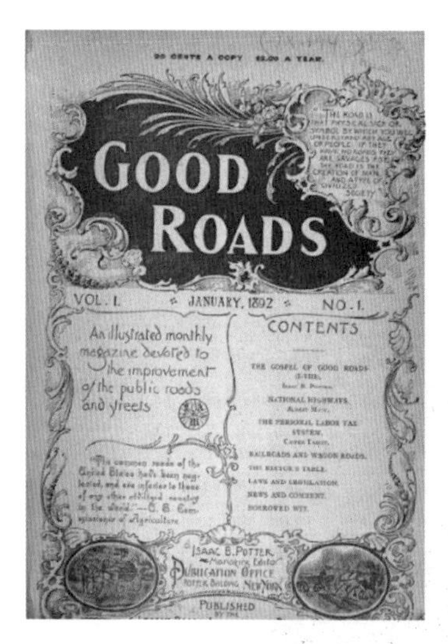

图 11.8　1892 年的《好路》杂志

自行车体现了钢铁工业的最高成就，也应用了可更换零件的思想。而伴随着自行车的普及，公路建设被大大推动了。特别是在美国，从 1870 年到 1920 年，由美国自行车联盟（League of American Bicyclists）牵头发起的改善道路运动（图 11.8）推进了现代化公路的全面铺设。美国早在 1820 年代开始出现平整的碎石公路，很快也有人意识到在碎石路中加入柏油可以减少扬尘和让路面光滑（图 11.9）。但新式柏油路并没有很快流行起来，毕竟坐在马车车厢里的乘客对扬尘感受不深。而自行车爱好者难以忍受尘土飞扬且到处塌陷的传统路面，新修的道路加入沥青和焦油来固定碎石、减少扬尘且保证路面平整，因而深受骑手们欢迎。可以说自行车的热潮恰好为随后汽车的流行“铺了路”。

图 11.9　1823 年铺设的第一条柏油碎石路

3. 福特及其流水线

第一个商业化销售汽车的企业家是德国人本茨（奔驰）（图 11.10），他在 19 世纪末就开始了全球营销。福特在 1908 年也推出了 T 型汽车。但汽车的最初定位是贵族化的，主要用于竞速比赛，直到 1913 年采用流水线生产福特的 T 型车之后，汽车才成为最受欢迎的大众消费品。

图 11.10　1894 年的奔驰汽车

但流水线生产当然不是福特的发明。最早的流水线工厂，大概要数始建于 1104 年，并在文艺复兴时期盛极一时的“威尼斯兵工厂”（图 11.11）。工厂把造船分解为不同的部件和工序，在不同的地点专门生产诸如绳索、帆布等部件，资源和半成品通过运河在不同加工点流转。在备战时，平均一天就能生产一艘军舰，平时则生产大量商船，让威尼斯人得以称霸地中海。

福特流水线的直接来源则是当时的食品工业，当时公司的普通员工

图 11.11 威尼斯兵工厂的大门(18 世纪末的绘画)

威廉·克莱恩在参观了芝加哥的一家屠宰场后受到启发,想到了流水线生产的主意。他发现屠宰场把动物的宰杀、肢解等流程分解开,并通过传送带进行生产(图 11.12)。

食品工业更早就开始了自动化,例如 18 世纪末美国的埃文斯利用水车驱动的传送带自动把谷物送往石磨,1804 年英国有家饼干厂把工艺分为 6 个环节,除了最终烘烤之外的 5 个环节都在 1830 年完成机械化,每分钟能生产 70 块饼干。相比饼干,肉类加工的工序更加复杂,自动化更加困难。但旺盛的需求也推动了肉类加工厂很早就开始应用集中化、流水线式的生产方式。由于冰柜车和火车的发展,以及城市化进程的加快,越来越多人不愿意在市中心购买鲜活牲畜(大量猪、牛进入市中心会造成环境脏乱),而是希望牲畜集中屠宰,再通过冰柜车运到市场来销售。肉类加工场的集中化也自然就促成了流水线作业的普及。

克莱恩向生产主管报告自己的想法之后,主管虽将信将疑,但鼓励试验,最终经过多位员工的摸索和改良,生产流水线成功开启。第一辆下线的汽车由克莱恩本人驶出厂房。

所谓流水线,是让工人原地不动,零件放在手边,装配中的产品在传送带上匀速移动(图 11.13),整个装配工序被拆解为无数环节(装配福特 T 型车包括 84 个步骤),每个工人只负责非常简单的机械性重复劳动,不受干扰,不能偷懒,生产效率由流水线的设计决定。采用生产流水线后,每 3 分钟就能有一辆汽车下线。

由于所有环节都同时开动,因此生产速度其实取决于最慢的那个环

图 11.12　辛辛那提猪肉加工厂景象（1873 年），也呈现出流水线作业的特征

图 11.13　1913 年的福特生产流水线

节。在早期的福特汽车生产流水线上，这个最慢的环节是最终晾干油漆的过程。油漆晾干后就可以直接开出厂房交付客户，但未晾干前不得不占用场地，这成为提高福特汽车产量的最大瓶颈。相对而言，当时某款黑色油漆干得最快，因此早期的福特汽车全部都是黑色的。

福特的流水线虽然不是世界第一条流水线，但肯定是最成功和最有影响的一条。福特更是借了电力时代的东风，把生产线和水电站捆绑在一起，成为美国工业崛起的标志。

美国工业在 19 世纪末到 20 世纪初后起直追，甚至最终后来居上超越英国，恐怕就是因为借助了流水线生产模式的流行。之所以流水线生产在美国更加容易普及，可能正是因为美国的“后发优势”。因为美国缺少工业底蕴，欠缺熟练工人，但劳动人口并不匮乏，使得这种不需要熟练工，只需要傻瓜式机械操作的生产模式更容易得到推广。

第十二讲　电灯

1. 煤气灯和煤油灯

电力的普及让工业革命进入了新的阶段。除了稍后要讲的电报之外，电灯的普及直接拉开了电力时代的帷幕。

在电灯之前，石油工业首先推动了灯具的发展，煤油灯取代了古老的油灯和蜡烛。

在煤油之前，煤气灯首先被开发出来。所谓煤气，最初就是指煤矿中溢出的易燃气体，这些气体让煤矿工人陷入生命危险。如何排除煤气是长期让矿场主头疼的课题。

1790 年，瓦特公司的杰出员工威廉·默多克想到了与其排除煤气，不如收集利用。他把收集起来的煤气用安全可控的方式缓慢释放，用于照明。

其实在中国古代，也早已有了对煤气照明的利用，但应用范围不大，就是在矿场内部使用。但英国正值工业时代，煤气灯马上就被默多克用在了公司支持的纺织厂里，在 19 世纪初甚至走上伦敦街头（图 12.1），提供街道照明。

前面说到，由于蒸汽机的助力，新兴的工厂逐渐摆脱了自然的限制，不需要依靠河流。但昼夜交替这一自然限制仍是问题。理论上说蒸汽机的开动与日月无关，但黑暗的环境无法保证工人的操作。

前面讲到，一个典型童工每天可能要工作 16 个小时，但贪婪的资本家恨不得工厂 24 小时不停作业，那么可靠的照明系统就成为迫切的需

A PEEP AT THE GAS LIGHTS IN PALL-MALL.

图 12.1　1809 年煤气灯走上伦敦街头

求了。

但易燃易爆的煤气毕竟十分危险（图 12.2），要被广泛接受并不容易，不像之后的煤油灯那样被迅速普及。

图 12.2　1814 年的煤气爆炸的讽刺画

煤油之所以也叫“煤”，是因为最初的开发者也是利用含有沥青的烟煤通过蒸馏生产出来的，但后来人们主要通过石油来提炼煤油。

古代人早已认识石油的存在，巴比伦人用沥青加固城墙，埃及人用沥青涂抹木乃伊，中国的沈括则认为石油不适宜做燃料，但烧完的黑灰特别适合做墨水。欧洲中世纪则试图在石油中提取油脂作药用。

实在是因为石油的杂质太多，燃烧起来浓烟滚滚又气味刺鼻，不适合日常作为燃料使用。要等到化学工业发展出成熟的蒸馏工艺之后，石油才能被转化利用。

图 12.3　手提式煤油灯

1745 年，俄罗斯人就开采并蒸馏石油得到煤油，用于在教堂和修道院点灯照明。而煤油的大规模商业化生产则要到 19 世纪中叶开始。

1848 年，苏格兰化学家詹姆斯·杨（James Young）最早建立了小型炼油工坊，通过蒸馏石油获取石蜡油等有用液体。1850 年，他在英国的巴斯盖特（Bathgate）建立了第一家商业化的炼油厂，销售石脑油和润滑油，几年后销售固体石蜡。

煤油灯（图 12.3）于 1853 年被发明，1854 年，北美煤油煤气灯具公司制造煤油并销售煤油灯。廉价的煤油取代了依靠远洋捕鲸提供的鲸油，广受欢迎。

早期的油井都是作为煤矿或盐矿的伴生而被意外开采的，直到 1859 年，德雷克（Edwin Drake）在宾夕法尼亚建立了一座专门开采石油的现代化油井（图 12.4），生产煤油。尽管对这一油井是否真是第一座存在争议，但它肯定是影响最大的一座。德雷克油井开掘成功激励了美国的石油热潮，许多投资者都盯上了这一市场，致使油井遍地开花。

图 12.4　德雷克的油井遗址

2. 爱迪生之前的电灯

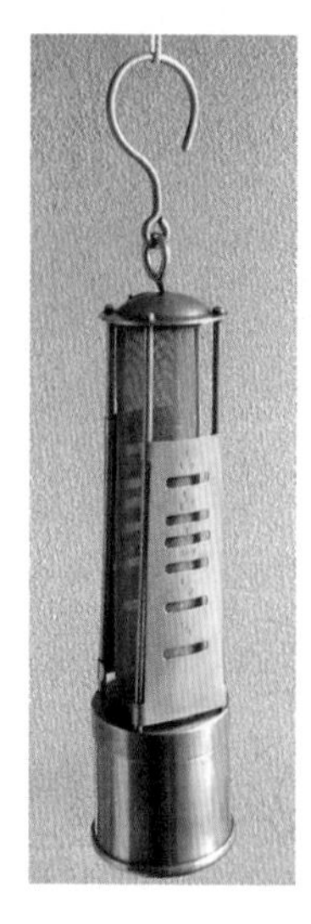

图 12.5　安全灯

化学家汉弗莱·戴维是法拉第的领路人，他曾经表示法拉第是他一生中最大的发现，但他在技术史上的发明也令人瞩目。

首先他发明了一种安全灯（以他的名字命名的戴维灯，图 12.5），这是一种油灯（使用鲸油或煤油都可以），专门为矿工设计。戴维用非常细密的金属网罩隔离火焰，保证空气能够进入的同时火苗不会窜出，这样就可以避免火焰直接接触大量易燃气体造成爆炸。另外，在灯壁上设有刻度，工人可以根据火苗的高度判断矿井中的空气质量。火苗太高意味着存在易燃气体，火苗太低则意味着氧气不足，从而工人可以及时规避危险。

同时，戴维还发明了白炽灯和电弧灯的原型。在 1802

年到1809年间的某个时候，他利用2000个电池串联放电，让电流穿过铂金薄条或击穿空气（图12.6），铂金条会发热发光，这就是白炽灯的原理。而在两个碳棒之间隔着一段水平空间时，电流就会形成弧形火花（图12.7），这就是电弧灯的原理。

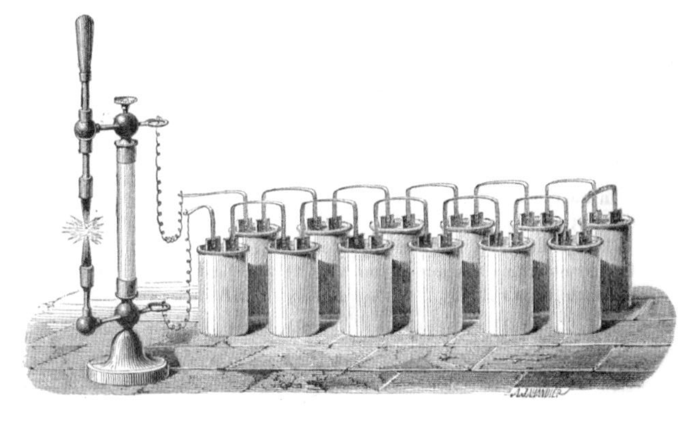

图12.6　大量莱顿瓶放电击穿铂金片或空气的实验

白炽灯的原理是通过使导体在高温下发热从而发光，因此导体很容易烧融或氧化，反倒是电弧灯更容易实用化。在1850年之后，电弧灯在美国得到改良和推广。到1880年，Brush Electrical Machines公司开始销售电弧灯，根据次年《科学美国人》的报道，Brush公司当年实际售出6000套电弧灯，用途广泛，包括用于各类工厂、商店、酒店、教堂、公园、码头、仓库、矿山、冶炼厂、道路照明……

图12.7　电弧

对白炽灯的改进也一直都在推进，从戴维开始，贯穿整个19世纪，来自英国、美国、比利时、俄罗斯、加拿大等国家的数十位科学家和发明家前赴后继，展开了许多研究，产生了多项专利。除了铂金之外，还试验过以铱、碳等各种材料作为灯丝，也曾经有人尝试把灯丝置于真空管内，或者充满氮气的容器之内。在实验室内，白炽灯的研究方向已经非常明确了，其面临的主要难题就是耐用性问题，改进方向无非是寻找更好的灯丝材料，同时改善容器的气密性。

英国的斯旺第一个实现白炽灯的商用化。他在1860年完成了他的实验室模型——采用在真空玻璃泡中对碳化纸丝通电的设计。最初，因为真空效果不佳，导致灯泡很快“黑化”（图12.8），之后在1870年代改

图 12.8　碳丝灯泡及其黑化现象

良真空泵之后达成了较好的效果，最后在 1880 年取得了关于“避免灯泡黑化”的专利。

1878 年，他就借助水力发电，用灯泡照亮了自己家和周围的房屋。1879 年 2 月 3 日，斯旺的灯泡照亮了纽卡斯尔的莫斯利街道（Mosley Street），成为世界上第一块被白炽灯照亮的公共区域。

3. 爱迪生的电灯

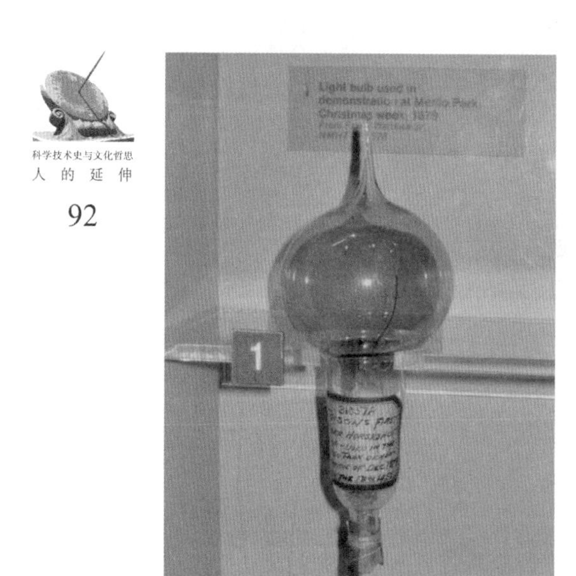

图 12.9　爱迪生早期发明的灯泡

1878 年，爱迪生访问贝克教授时第一次看到电弧灯，当时他刚刚研究完电话的课题，正在决定下一个主攻方向，就选择了电灯来研究。

爱迪生最初也是以铂等惰性金属为主，一年后才想到使用碳丝，然后立刻就在美国申请了利用棉花、纸等制造碳丝灯泡的专利，1880 年 1 月得到授权。1879 年，爱迪生在门洛公园点亮灯泡（图 12.9），但比斯旺略晚。

斯旺在 1878 年制造的灯泡能亮 40 小时，而爱迪生在 1879 年制造的灯泡一度只能亮 13.5 小时，稍后改良到能亮 45 个小时。直到爱迪生拿到专利之后再过几个月，才找到了最耐用的碳化日本竹丝，可以点亮 1200 小时。

爱迪生虽然研发落后，但在 1878 年研发刚启动的时候就注册了公司，斯旺则在 1881 年才成立了电灯公司。1882 年，爱迪生状告斯旺侵犯专利，最后二人达成妥协，成立了爱迪生 & 斯旺联合公司，昵称 Ediswan（图 12.10），专门在英国销售电灯。

显然，爱迪生并不是电灯的发明者，甚至也不是第一个把电灯实用化的人，而后来最主流的钨丝+惰性气体填充的灯泡也不是爱迪生的发明（匈牙利人在1904年后的贡献）。但他在电力革命中的地位仍然是非常重要的。那么，他的了不起之处究竟在哪里呢？

图12.10 Ediswan公司的广告

首先，爱迪生的商业化最为成功，就像史蒂芬森的成功不只在于火车头，爱迪生关注的远远不止灯泡本身。爱迪生卖灯泡可谓醉翁之意不在酒，真正卖的是包括电表、电缆、发电机等的一整套电力设施。用时髦的话讲，他卖的不是产品，而是“生态”。

其次，爱迪生对电灯的改良并不是他一个人的成果，而是他率领研究团队做出来的。这一点恰恰更加突显了他的地位。

1876年，爱迪生创建了门洛帕克实验室（图12.11），最初只有几名雇员，1878年增加到25人，1880年取得电灯专利前后达到了50—60人。建立通用电气公司之后，这种“工业实验室”模式被推广到每一家工厂，生产与研究紧密联合。

图12.11 门洛帕克实验室内景（1929年重建）

这种由大型企业建立专业研发机构，促进“产研”结合的体制在20世纪盛行，各大知名企业都争相创立实验室，爱迪生的实验室可以说是后来这些工业实验室的先驱和榜样。

爱迪生最伟大的发明或改良，可能是“发明”这一活动本身。在古代，技术发明更多依赖发明家个人的灵感和汗水，但在爱迪生这里，发明本身变成了某种流水线生产的“产品”。

工业实验室可以说是一种以“发明”为产品的“工厂”，“发明”像一件工业制品那样，被拆分为各个环节，放在“流水线”上由各个领域专家分别钻研，最终被组装成有效的专利。

对成百上千种材料进行成千上万次测试，显然不是仅凭爱迪生一人之力（图12.12）。有些雇员专门负责在全世界采集材料，有些人专门负责碳化工艺，有些人专门负责测试记录……正是雇员们有组织、有纪律地完成爱迪生布置的任务，才能高效地推进发明。工业化生产的思路被应用于“发明”本身，各司其职的分工作业要比每个人都从头做到尾高效得多。加上一整套完善的后勤保障和考勤监督体制（图12.13），工作室有条不紊地推进每一细分领域的研究，并迅速把成果整合起来，这才使得爱迪生的发明如此高效、多产。因为整个实验室的全部发明最终都以爱迪生为名申请专利，爱迪生才坐拥1093项美国专利，成为当之无愧

图12.12　门洛帕克实验室1879年员工合影（见http://edison.rutgers.edu/inventionfactory.htm）

的发明大王。

爱迪生有一句脍炙人口的名言：“天才是百分之一的灵感，加上百分之九十九的汗水。”爱迪生本人确实非常勤奋，以工作狂著称，但更关键的是，这百分之九十九的汗水，不一定是一个人流出来的。爱迪生的天才不仅是自己吃苦耐劳，更是善于把其他人的汗水有效地“组织”起来，形成一种稳固的合作机制。这种体制化的发明产业，是爱迪生之前的天才们没有做到的。

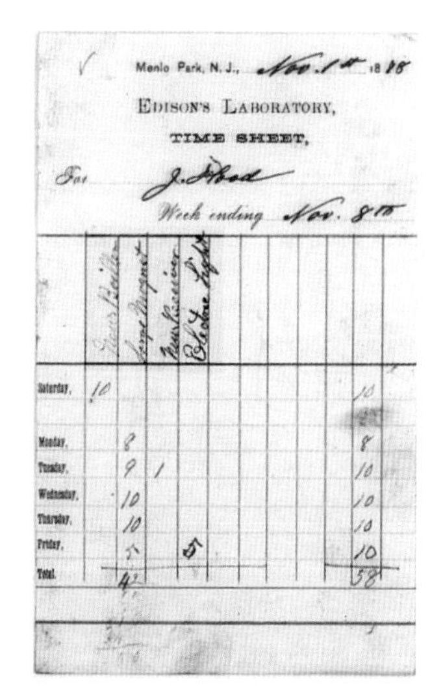

Menlo Park, N. J., Nov. 1st 1878

EDISON'S LABORATORY,

TIME SHEET,

For J. Hood

Week ending Nov. 8th

	[illegible]	[illegible]	[illegible]	[illegible]	
Saturday,	10				10
Monday,		8			8
Tuesday,		9	1		10
Wednesday,		10			10
Thursday,		10			10
Friday,		5		5	10
Total.		42			58

图 12.13　门洛帕克实验室的工时记录表（见 http://edison.rutgers.edu/inventionfactory.htm）

第十三讲　电报

1. 沙普的视觉信号系统

电报的普及比电灯更早，只是电报并不需要非常多的电力资源，并没有直接促成整个电力工业的成熟。

电报不仅是电力革命的起始，同时也是信息革命的先声。它的出现让人类首次把“信息”与“信使”剥离开来。在古代传统中，除了极少数的例外（如烽火台），一般而言，信息的传播就是信使的交通，信息的传播速度不多不少就是交通运输的速度。在古代环境中，“信息”的概念根本隐而不彰。

类似于能够脱离物质载体而即时传播的信息概念，与近代早期西方人对电现象和磁现象的发现有关。静电和磁力虽然在古希腊就已发现，但是在近代实验科学兴起之后，它们才成为学者和公众普遍关注的热门现象。因为它们体现出非接触的、即时的超距作用，给人们以遐想空间。例如在 17 世纪初，人们根据磁现象设想一种“同感针”：能够通过磁针远距离传递人的心意。

不过，“光”始终是即时传播信息的可靠方式，在古代，烽火系统能够以远超信使的速度飞快地传递简单讯号。在现代，望远镜的发明强化了光学传信的效率，一些发明家也着眼于此进行设想。

例如胡克在 1684 年向英国王家学会汇报了一篇论文，题为“如何向远方快速地传递一个人的想法，就好像人们边写边寄送那样快”。他提出的设想很简单，就是用不同形状的纸板表示字母，在山顶上展示，让远处的人用望远镜看。同时期法国科学家也有类似的想法。

100 年后，法国人沙普（Claude Chappe）把光学传信系统付诸实现。他取了希腊语“远距离——书写”这两个词，造出了“tele-graphy”一词，即我们现在熟悉的“电报”一词。所以第一个“电报”系统其实并没有电，而是沙普的视觉传信系统。

沙普的传信系统由一座座信号塔（图 13.1）组成。至今欧洲许多地方还有“电报山”之类的地名，往往就是当时沙普树立信号塔的山丘。

沙普的叔叔是天文学家，他从小学习过天文学，熟悉望远镜的应用。

想到利用望远镜远距离传递讯息后，沙普与四个兄弟一起开发传信系统，最初名为 tachygraph（速记），后改为 telegraphy（远记）。最初的版本需要校准时钟后通讯，而成熟版本是一个巨大的机械装置（图 13.2），装置由 1 根横杆连接 2 根支杆组成，横杆有横竖 2 种状态（或者加上斜向共 4 种状态），每根支杆有 8 个方向。

图 13.1　沙普的信号塔

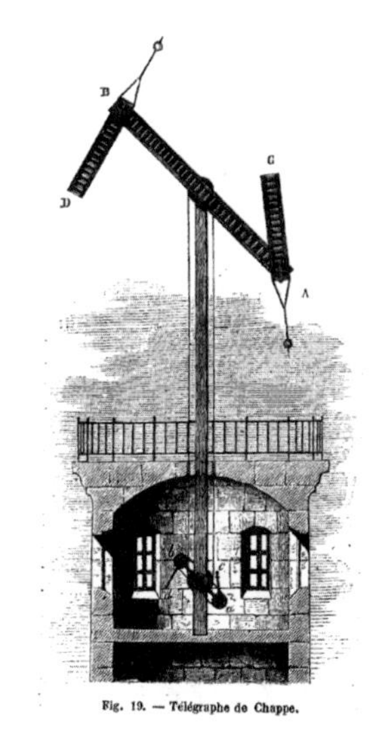

图 13.2　沙普设计的机械臂装置

按沙普的设计，把机械臂调整到一个形态即为一个信号，共有 2 × 7 × 7=98 种形态，削减数个后共有 92 种。由两个信号组成一个词，发信人和收信人可以在总共 92 页、每页 92 词的译码本中检索。

这种编码方式也可以每次传输一个字母或数字（图 13.3）。这种编码后来也发展为旗语（图 13.4）系统，在铁路沿线和海军中普及。

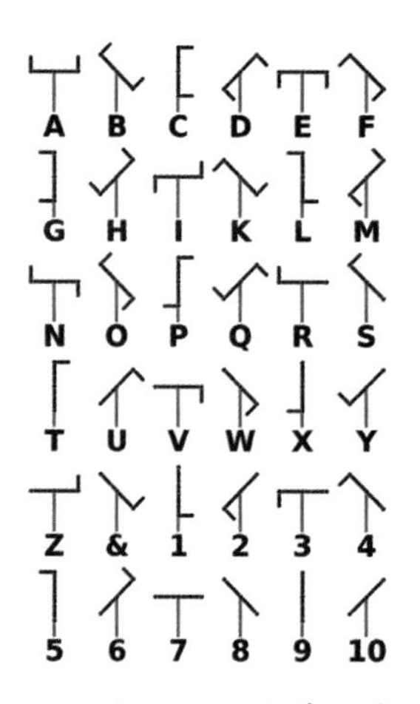

图 13.3 沙普的字母表

图 13.4 海军的旗语

沙普的信号系统在 1791 年试验成功，1792 年在巴黎和里尔之间成功发送第一批通信信息。

在法国大革命时期，信号塔曾被怀疑向敌人传递密信而被革命暴徒破坏，但随后在拿破仑的支持下，沙普系统迅速在法国全境普及，由政府专用，主要用于传递军事信息（但拿破仑本人利用电报发布过儿子诞生的信息）。

其他国家也有效仿，如瑞典（图 13.5）和英国（图 13.6）都采取了不同的百叶窗设计的视觉信号系统，其效率不逊于沙普系统。

图 13.5 瑞典的光学信号塔

当然，与后来的电报相比，视觉信号系统的局限性也非常明显，它只能在晴朗的白天运行，夏天一般可工作 6 小时，冬天只有 3 小时。而且，尽管有轮班监视和核验体制，但在一座座信号塔之间接力传递的过程中，错误还是非常频繁的。

根据 1840 年代的记录，法国的信号系统中大约 64% 的讯息能够在当天送达，冬天时仅有 33%。单个信号从巴黎到里尔（相距 225 公里）要 1 分多钟，发送一条包括上百个符号的完整讯息的话就需要 56 分钟。

另外终端编码和解码需要 15—30 分钟。一条线路每天（晴朗的话）可以运送 4—6 封讯息。

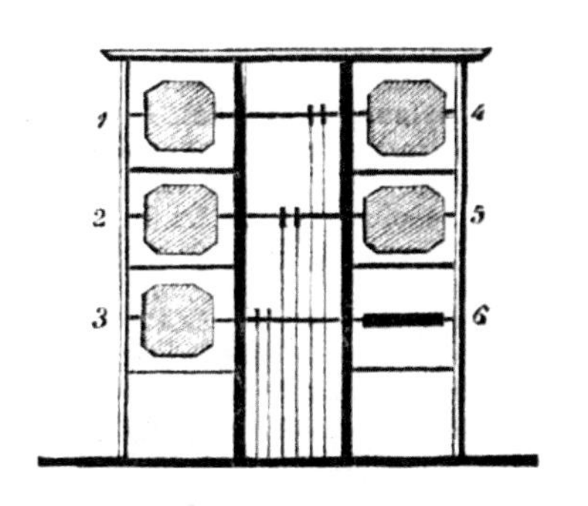

图 13.6 英国的信号装置

值得思考的是，沙普的发明并没有太多新东西，机械装置的技术在古代就已经可能实现，而望远镜也已经流行了近两百年了，为什么直到 18 世纪末的法国，才把这种信号系统推广开来呢？或许这与法国大革命前后的文化背景有关系。

在政治上，新生的法兰西共和国打破了王权，亟须塑造新的凝聚力，而沙普本人就明确表示，他的发明是对那些认为法国太大了因而不适合共和国体制的人的有力回击。

在观念层面，王权的推翻意味着权威主义的瓦解，法国人迫切想要建立一种普世价值。在 18 世纪末，法国科学家们都急切呼吁制定新的、中立的秩序和标准，拉瓦锡推动《化学命名法》以便统一化学家的公共交流，法国科学院确立"米制"以统一度量衡。于是，用中立的符号对地方性语言的再编码，是一个大潮流。通过这种再编码或再抽象的过程，符号本身与其语音和意义相剥离，在中立的符号系统内部构建起新的秩序。而沙普的编码系统也体现了这种"再抽象"的趋势，信息与信使的分离，与符号与意义的分离交相呼应。

2. 第一项以科学为基础的发明

除了沙普的视觉信号系统之外，电报的发明当然还有赖于"电"的发展。在某种意义上可以说，电报是"第一项以科学为基础的发明"。

我们说过，科学与技术的联合，在瓦特那里就初露端倪，但在瓦特身上，更多地还是一种歪打正着的间接启发的关系，而在电学的发展中，科学研究与技术发明真正密不可分地连接在了一起。

古希腊哲学家就发现了用毛皮摩擦琥珀后琥珀能吸引轻小物体的现象，不过他们认为这是一种"磁化"现象。在近代，吉尔伯特在 1600 年出版的《论磁》标志着电学与磁学的兴起（图 13.7）。吉尔伯特仿造希腊

图 13.7　吉尔伯特向英国女王伊丽莎白演示磁性

文中琥珀（elektron）一词创造了“电”这个拉丁词（electricus）。他的思想很超前，但在现代人看来其实挺神棍的，他认为磁和电都是某种灵气的作用，磁体是生命的纯粹形式。他还是“磁疗”行业的祖师爷，他本人是个医生，推崇磁力能够活化身体、治愈疾病。在很长一段时间内，电与磁在上流社会中的普及方式，主要都在保健医疗和娱乐猎奇的方面。话说到了 21 世纪，磁化水、磁疗仪之类的虚构的保健概念仍然大行其道，也难怪 17、18 世纪的人们趋之若鹜了。

直接用毛皮摩擦琥珀来生电显然效率低下，直到“起电器”这样一种仪器的发展，才带动了电学研究的逐渐成熟。最早在 1663 年，盖里克（就是那位做马德堡半球实验的市长）设计了一种硫黄球起电器（图 13.8）。其实就是把硫黄做成球体，可以用手摩擦，然后用手柄抓握，举着去吸附轻小物体。

图 13.8　盖里克发明的硫黄球起电器

18 世纪，起电器得到改进，用中空的玻璃球或玻璃筒取代硫黄球，并通过一个手摇的大轮盘来摩擦起电，生成的静电就积聚在玻璃球上（图 13.9）。

图 13.9　18 世纪典型的起电装置

1745 年，在荷兰的莱顿市诞生了最早的“电容器”，这就是所谓的莱顿瓶（Leyden jar），与上述旋转球起电器结合，可以更大量和更持久地储存由旋转球起电器产生的静电，并且可以通过多个莱顿瓶并联（图 13.10），瞬间释放大量静电。

莱顿瓶一经发明很快就风靡全欧洲，大家争相用莱顿瓶来演示放电现象。最著名的一场表演是法国

图 13.10　并联的莱顿瓶组

人电学家诺莱（Jean-Antoine Nollet）在 1746 年组织的，他在巴黎修道院门前调集了 200 名修道士，围成一个大圈，用铁丝连接起来，让充满电的莱顿瓶放电，然后观众们就看到几百个平时一本正经的修道士一起惊声尖叫的恢宏场面。法国国王路易十五亲自出场观摩。

这些公众表演或许是哗众取宠，但确实推动了电现象深入人心，理论家们争相探讨电的本质，实验家们则积极探索电的各种用途。

类似诺莱那样宏大的实验至少展示了电传播的瞬时性，用这种瞬时远距的放电现象来传输信息，就成为实验家们探索的方向。

1753 年，有不知名的苏格兰人提出用对应字母的 26 根导线传输信息，利用静电能吸起轻小物体的特性，让 26 根导线凑近 26 个木髓球，就可以从木髓球的跳动中读取信息了。

这种字母表静电电报在 1774 年被人制造出来了，据说在制造者自家的两个房间之间成功通信。

但利用静电来操作显然太过费力，因为充电需要摩擦半天，而放电只能维持一瞬间。直到 1800 年，伏打发明电堆（化学电池），使得静电研究终于有可能转向流电研究。

1820—1821 年间，安培听说了奥斯特对电磁感应的发现后，设计出了根据电的磁效应来测定电流大小的电流计（图 13.11，类似的仪器其实之前也有人做出来过，但只有安培明确定义了这一仪器测量的是电流的量，电流的计量单位因而也被冠名为安培）。安培立即就想到利用电流计所指示的信息，可以实现远距离通信。

1825 年，思特金（William Sturgeon）发明电磁铁（图 13.12）。亨利（Joseph Henry）在 1828 年利用改进的电磁铁，铺设 1 英里的电线来传递信号（敲响钟声）。

图 13.11　电流计

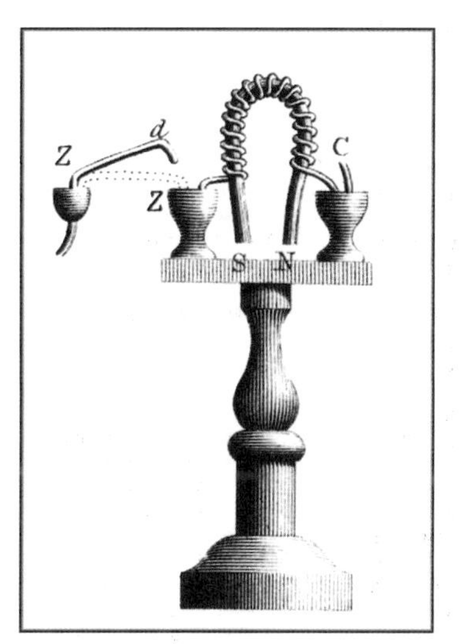

图 13.12　思特金在论文中描绘的电磁铁

1833 年，数学家高斯和物理学家韦伯合作研究电磁问题，发现了高斯通量定律。随后他们在哥廷根天文台和物理学院之间（相距 1.6 公里）架设了一条电报线路。

1835 年，美国人亨利发明了继电器（图 13.13），以改善他在 1831 年设计的电报信号衰减问题。后来亨利的发明被摩尔斯利用。

图 13.13　电报线路中使用的继电器

我们看到，这一系列电学理论和电学实验的新进展，总是与电报的发展相伴随，电学发现要么很快被别人用于电报设计，要么干脆是发现者本人同时在研发电报。科学与技术以前所未见的程度结合在了一起。

3. 摩尔斯电码

就像沙普的编码表那样，电报也需要新的编码方式。用26根线对应26个字母这样的方式当然是太过笨拙了。

高斯就设计过一套“二进制”的编码方案，通过电的磁效应，可以远距离控制磁针的偏转方向：无非左、右两种偏转方向，再加上不偏转的状态作为停顿，组合起来就可以建立一套对应系统。比如“→”=a；“←”=e；“→→”=i；“→←”=o；“←→”=u；“←←”=b，等等。用最多5次偏转就可以对应26个字母了。

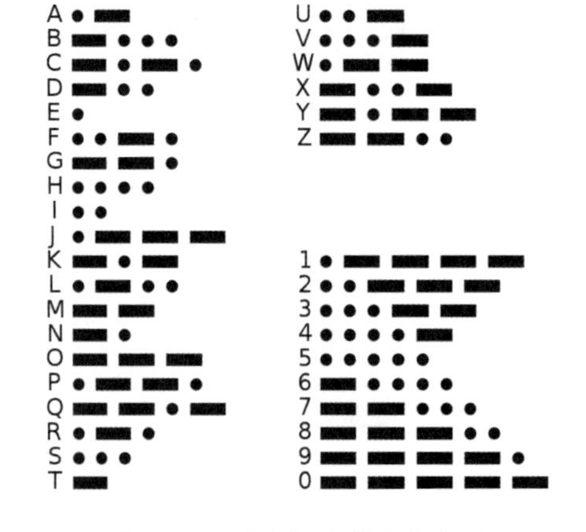

图 13.14　国际标准摩尔斯电码

我们熟悉的标准编码，是美国人摩尔斯发明的，通过短信号、长信号、间隔来对应字母与数字（图13.14）。

摩尔斯（Samuel Morse，1791—1872）年轻时是个画家，前文提到他曾为惠特尼画过肖像画（见图11.3），也创作过一些艺术作品（图13.15），但反响一般。业余时间他也喜欢搞搞小发明，曾经尝试发明一种能复制任何雕像的机器（3D复印机？），曾成功地设计了一款水泵并卖给了消防队。

图 13.15　摩尔斯21岁左右创作的画作

契机出现在1832年的远洋旅行期间。当时他乘坐游轮前往美国，整个航程需要6个星期。在没有无线电报的时代，游轮上几乎就是一个与世隔绝的空间，行程中几乎与外界断绝联系，乘客们只能靠与同船的其他绅士们闲聊来打发时间。

摩尔斯就和几位同行者聊起安培在电流方面的发现，一位路人问道：电流通过长距离的传输之后难道不会衰减吗？另一位乘客查尔斯·杰克逊宣称：电流不会衰减！摩尔斯听在耳中，记在心里（后来杰克逊试图与摩尔斯争抢电报的优先权，认为摩尔斯窃取了他的创意）。

摩尔斯想到既然电经长距离传输不会减弱也不需要时间，那么用电传播信息一定是个好主意。

幸运的是，当时他正处于与世隔绝的环境中，没有机会去查阅资料，否则的话他应当很快意识到杰克逊误导了他。事实上电流（直流电）通过一定距离后会很快衰减，而用电传递信息这个主意也并不新颖，已经有了很多尝试，但同时这些尝试都遇到了电力衰减这个瓶颈，电报研发在继电器发明之前已经陷入困境。

在旅程的后半段，摩尔斯直接跳过了这些问题，以电流能够有效传输为前提，潜心思考在电报开发中不依赖任何实验设备的环节，也就是编码解码的环节。在漫长的航行中他终于形成了摩尔斯电码的雏形。

同样幸运的是，当摩尔斯抵达美国，开始落实电报开发时，没过几年就有了继电器的发明。摩尔斯通过亨利的朋友了解到亨利发明的继电器，从而解决了远距离输电的问题。摩尔斯的电报在美国流行起来。在1844年拍出第一封跨城电报（华盛顿到巴尔的摩），到1861年已经建成了贯穿美国东西海岸的电报网。

不过摩尔斯并非一枝独秀，在英国另有一位有力的竞争者。

1836年，英国解剖学实习生库克（William Cooke）在一次电学讲座中看到电报机模型，开始着手改良，在1837年取得专利，1838年就在两个火车站之间建立了商用线路，最后在1846年成立了世界上第一家为普通公众提供服务的电报公司。

库克当然也需要解决长距离输电的问题，他拜访过法拉第但未能如愿建立合作，最后在惠斯通那里得到了支持。当时惠斯通自己也在研究电报，他与库克合作开办电报公司，不过两人在优先权方面曾出现分歧，最后还是妥协了——惠斯通成为第一作者，而库克获得更多经济利润。

库克和惠斯通的电报机（图13.16）以5个磁针表示信息，通过其中两个磁针的偏转，交叉指向20个字母中的一个，来传递信息（图13.17）。后来又发展出双针和单针的模式，在英国的铁路沿线推广，取

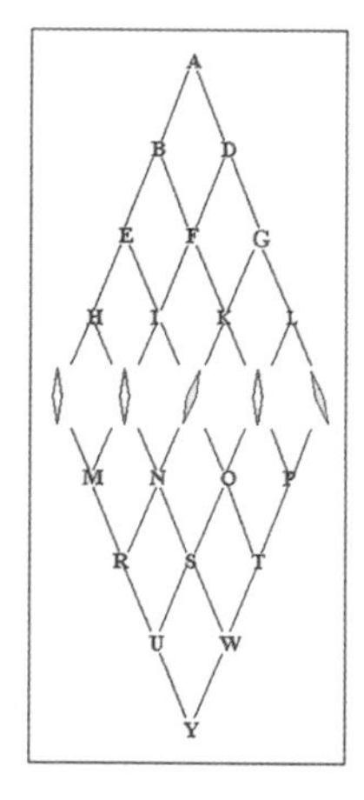

图 13.16　库克和惠斯通的磁针式电报机

图 13.17　通过磁针交叉指向表示字母

得了商业上的成功，并逐步取代已有的视觉信号系统，一些电报线路直到 1930 年仍在使用。

库克模式在英国占据主流，摩尔斯模式在美国迅速扩张，其实在有线电报时代，更直观的库克模式并没有明显劣势，直到无线电报的应用中，摩尔斯电码的数字化优势体现出来，最终成为国际主流的标准。

1856 年，英国成立大西洋电报公司，募集资金用于铺设越洋电线，1858 年铺设后第一次成功发送电报，举世欢腾，但一个月后就坏了，到 1866 年重新接通。《泰晤士报》评价说：自从哥伦布发现新大陆以来，还没有一件成就，在扩大人类活动的范畴上，能与大西洋电报相比。

4. 电报的影响

在电报商用初期，普通人的需求并不高，例如 1845 年美国华盛顿向民众开放电报业务，每个字母收费 0.25 美分（同一时期，寄一封信的邮费大约 25 美分），结果头三个月的营收不到 200 美元，远远不及运营成本。

最早挖掘出对电报的需求的，是两个行业：新闻业和金融业。新闻报纸在19世纪流行起来，特别是在美国，1830年代兴起的“便士报”（图13.18）用低廉的价格把报纸推向普通大众，更新频繁的周报和日报也越来越多。但要在一个幅员辽阔的大陆上发行有时效性的新闻，如果靠邮递员来采编新闻和分发报纸，显然是难以让人满意的。1846年，《华盛顿联合报》首先尝试利用电报，很快就引发了电报业的爆炸式发展。

THE SUN.

NEW-YORK, WEDNESDAY, NOVEMBER [illegible], 1834.

PRICE ONE CENT.

图13.8　1834年的纽约《太阳报》，当时流行的便士报之一

博彩业和股票交易所早已存在，而交易者迫切想要知道最新消息，以便抢占市场先机，因此交易所和投资人也是最早一批电报的忠实用户。甚至用信鸽传信正是在这个时期重新流行起来的，分秒必争的投资者利用信鸽来填补交易所到电报站之间的那段距离。

金融业也在这一时期进一步发展起来，著名的芝加哥商品交易所在1848年成立，随后在1864年推出的标准化期货合约开创了期货交易的先河。

在某种意义上，期货的思想与电报的精神相互呼应，期货的关键在于实物商品与票据记录相分离，而电报的特征在于媒介载体与符号编码相分离，在根本上其实都体现了实体与信息的剥离。

商品的抽象化或许促进了马克思所说的使用价值与交换价值相剥离的“商品拜物教”的流行，人们购买一件商品可以完全不考虑其应用语境，而只追求价格增值。马克思认为，照此趋势，人际关系将被物的关系取代，本质上变成符号的关系。而电报也恰好正在重塑“人际关系”，把生活世界与信息世界剥离开。电报带来的这种新的交流方式，似乎是互联网时代的先声。

信息世界，或者说数字世界或符号世界的独立，促成了某种新的灵魂观或心智观。欧洲的“招魂术”恰好伴随着电报的流行而流行起来，鼓吹招魂的“灵媒”拿电报以及稍后的无线电为例，说明灵魂在脱离肉体之后仍然存在，招魂者可以通过特殊的“解码”手段从无限的以太中

读取逝者的信息。[1]

即便在严肃的思想者那里，“符号”“语言”“思维”的关系也在悄然发生逆转。在传统上，人们理所当然地认为，语言是思维的表达，而符号是对语言的记录。但布尔在《思维的规律》一书中认为语言不仅是表达思维的媒介，而是思维的规律本身，而“记号和符号”则是所有语言的组成元素[2]。于是，布尔认为可以通过符号与符号之间的数学关系，刻画思维的本质。布尔提出了最终影响计算机的发明的“逻辑代数”，但他的观点是前所未见的。“记号”不再是事物的外在标记，而成了事物的内在原则。这恐怕也奠基于电报所促成的符号世界的独立。

[1] 参考彼得斯：《对空言说——传播的观念史》，邓建国译，上海译文出版社，2017年。

[2] 格雷克：《信息简史》，高博译，人民邮电出版社，2013年，第159页。

第十四讲　计算机

1. 机械计算器

现代的电子计算机是多条“科技树”的会聚，我们不妨先从计算器的历史讲起。除了安提基西拉机器等个别例外，西方的辅助计算器械是在17世纪发展起来的。

提出对数概念的数学家纳皮尔在1617年发明了纳皮尔骨筹（Napier's bones，图14.1），通过旋转和移动一组刻有数字的骨棒，可以辅助进行乘法、除法、开方等运算。后来人们加以改进，把零散的骨棒封装在盒子里（图14.2），成为一个辅助计算的装置。

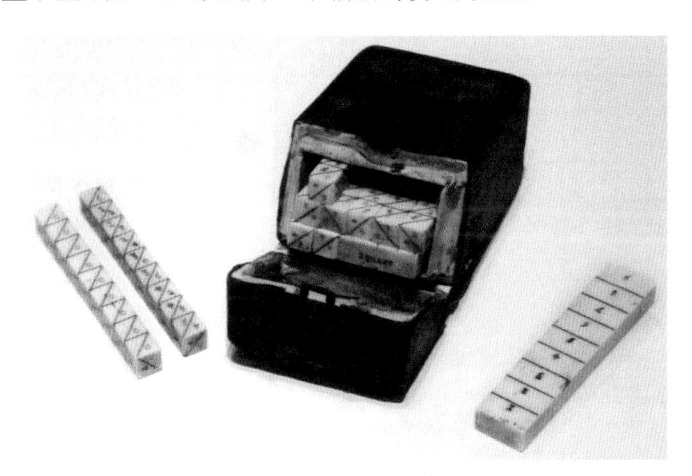

图14.1　纳皮尔骨筹

所谓运筹帷幄，中国古代数学家一般是用竹制算筹来辅助进行复杂

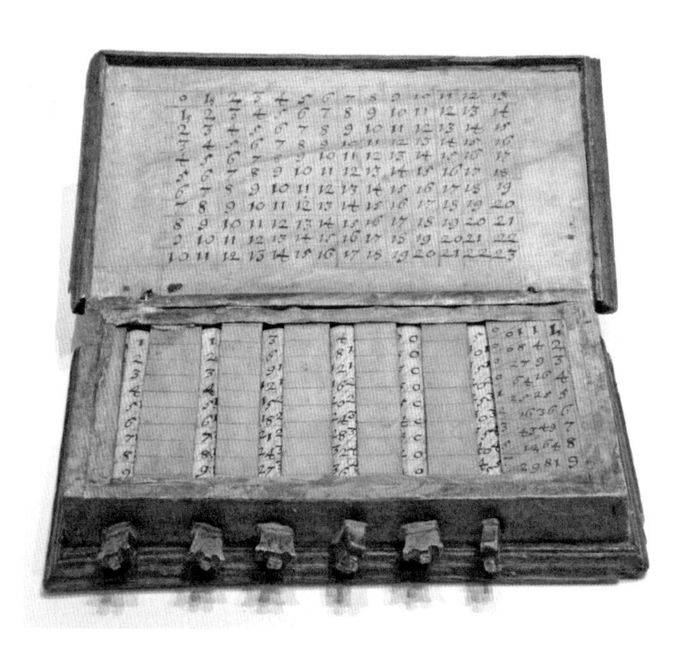

图 14.2 封装版的纳皮尔骨筹

计算的，宋代以后又有了珠算算盘来辅助计算。筹算也可以进行诸如开方、解方程等复杂运算，中国数学家各有精妙的口诀和技艺传承，但没有想到把计算工具进一步封装成一套傻瓜化的装置。

第一个傻瓜化操作的计算机器大概是帕斯卡（1623—1662）发明的加法器（图 14.3），加法器只能计算加减法，但妙处在于通过内部的齿轮联动装置（图 14.4）实现自动进位，加法运算时不需要用“三下五除二”之类的口诀来关注进位问题，加几只需要在相应数位上旋转几格即可。

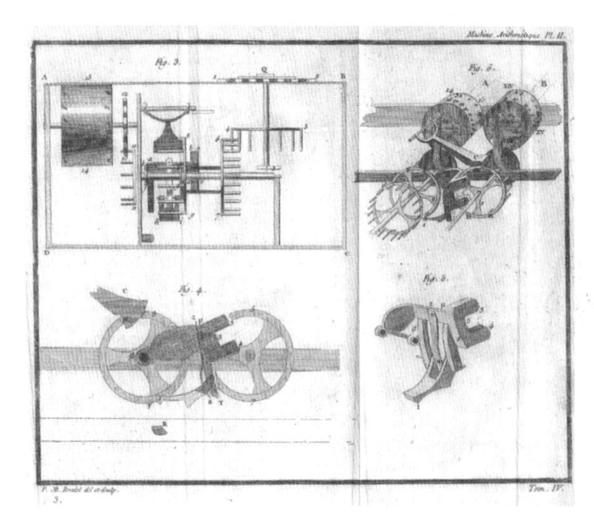

14.4 帕斯卡加法器的内部结构

帕斯卡发明加法器时年仅 19 岁。1639 年，诺曼底赤脚党起义，此后虽然被很快镇压，但在起义军杀税吏、焚税局之后，税务系统完全瘫痪。帕斯卡的父亲当时被指派去收拾烂摊子，整理了几年都看不到尽头，年轻的帕斯卡就发明了这

图 14.3　帕斯卡的加法器

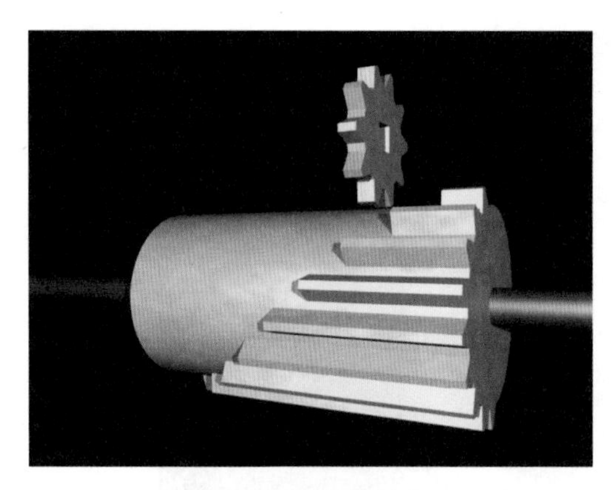

图 14.5　莱布尼茨轮

图 14.6　莱布尼茨乘法器模型（复制品）

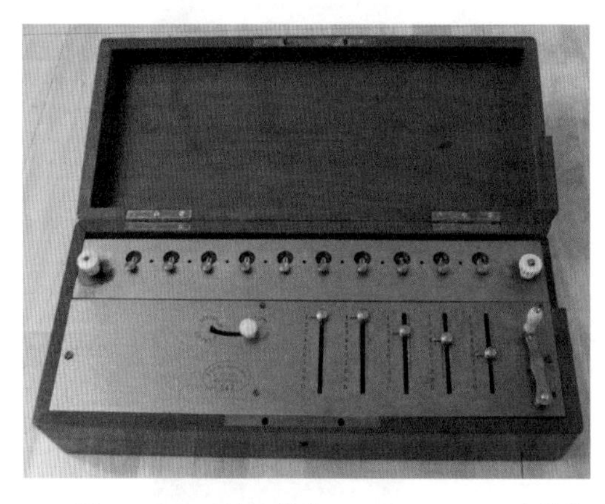

图 14.7　四则运算器 Arithmometer 的早期产品

台加法机器，给父亲分忧。这个发明得到了法国国王的嘉奖，在当时制造了数十台。

要加入乘法运算，就需要德国哲学家莱布尼茨在 1673 年提供的关键设计，他发明了“莱布尼茨轮”（图 14.5）这样一种独特的齿轮转筒结构，实现了乘除法的机械化：设定乘数之后不断摇动手柄，最终停止时就会得出结果。

莱布尼茨自己设计并制造了两台模型机（图 14.6），但因加工精度问题未能实现实用化。但之后的机械计算器都参考了莱布尼茨轮的装置。

帕斯卡和莱布尼茨完成了机械计算器的核心原理，接下来就需要等加工工艺更精密、更标准化，才能让机械计算器实用化。

第一个成功商业化的计算器是 1820 年取得专利的四则运算器（Arithmometer，图 14.7），在最初的设计中它包含 3 个莱布尼茨轮，用皮带抽拉来运转（图 14.8）。它在 1851—1915 年销售，由于相对小巧，价格适中，风靡一时，也带动了整个机械计算器产业，引起其他公司争相效仿。一直到 20 世纪中叶，不同款式的机械计算器各领风骚（图 14.9），成为数理研究者的必备。

机械计算器的最高成就，应该是巴贝奇的差分机与分析机了。巴贝

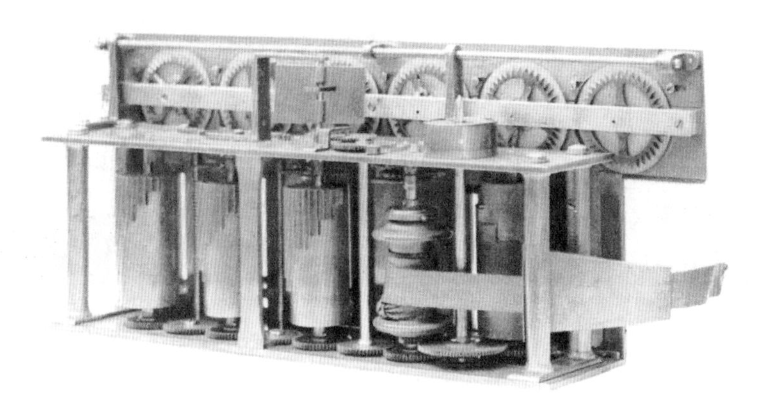

图 14.8　Arithmometer 的内部结构

奇在 1822 年设计了他的第一台差分机（图 14.10）。除了四则运算外，差分机可以进行多项式计算、解方程。巴贝奇为差分机设计了两个版本并申请到经费资助，但最后并未真正完成。不过有其他制造商根据巴贝奇的思想做出了一台机器（图 14.11）并在 1855 年的巴黎世界博览会展出。

图 14.9　各式机械计算器

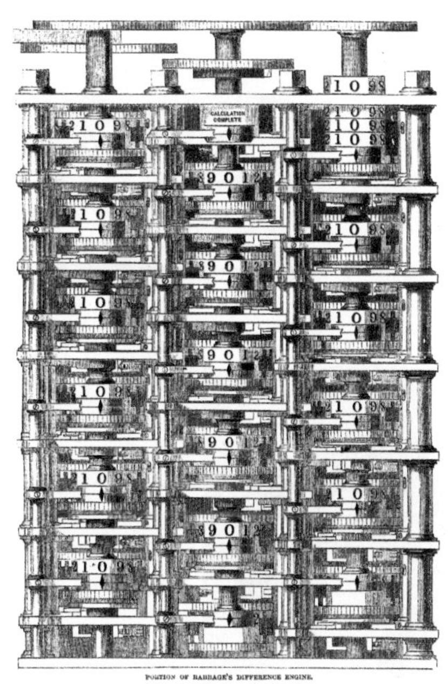

图 14.10　差分机内部结构（部分）

1991 年伦敦科学博物馆根据巴贝奇的文献，用巴贝奇同时代的加工精度，制造出了差分机 1 号和 2 号（图 14.12），证明了巴贝奇本人设计的有效性。

图 14.11　Per Georg Scheutz 制造的差分机 3 号

尚未完成差分机，巴贝奇就转向了另一项宏伟的计划，那就是“分析机”的制造。他从 1834 起提出了分析机的设想（图 14.13），这是现代通用计算机的前身。分析机可以通过“打孔卡片”（图 14.14）来制定“程序”，完成复杂的运算。这种打孔卡片的灵感可能来自于当时在纺织业流行的雅卡尔提花机所使用的打孔卡片（用于预先编制织物花案）。打孔卡片的形式在后来被沿用，成为各种早期计算机的输入媒介。

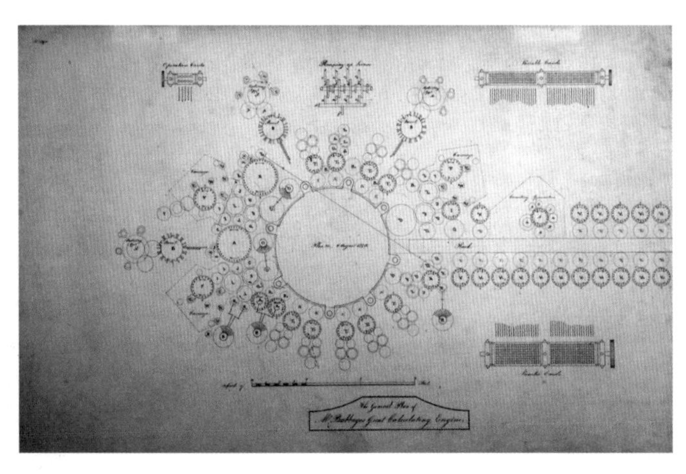

图 14.13　分析机规划图（1840 年绘制）

图 14.14　用于分析机的打孔卡片

现代科学史家认为，分析机是“图灵完备”的，也就是说，它理论上能够完成任何现代计算机能够进行的计算，当然，运算时间远远比不上电子计算机了，例如进行两个 20 位数的相乘大概就需要 3 分钟的时间。

但“分析机”也并未实际完成，至今也未有后人建

图 14.12　伦敦科学博物馆差分机重制品的细节

成，只有一些局部结构或模型被制作出来（图 14.15）。有一个 2011 年启动的项目，号称要在 2021 年纪念巴贝奇逝世 150 周年前建成分析机。

分析机虽未实现，但已经有人为它编写程序了，那就是“第一位程序员”，艾达（Ada Lovelace，1815—1852，图 14.16）。

图 14.15　分析机的局部模型

图 14.16　艾达的照片，用刚刚发明不久的达盖尔摄影术拍摄

艾达是诗人拜伦的女儿，她出生后不久母亲就与拜伦离婚。因为母亲怨恨拜伦，不希望女儿学拜伦的样子，因此不注重对她进行文学教育，反而培养她从小学习数学。不过艾达还是受到了父亲的影响，长大后自称追求“诗意科学”（poetical science）。

1833 年，艾达在社交活动中遇见了侃侃而谈的巴贝奇，为他描绘的差分机吸引，从此保持通信。接触到分析机的思想后，艾达帮忙翻译扩散，同时附加了自己的许多笔记。在这些笔记中，包含有为构想中的机器编制的第一个程序（计算伯努利数）（图 14.17）。

Diagram for the computation by the Engine of the Numbers of Bernoulli. See Note G. (page [illegible] et seq.)

[illegible]

图 14.17　艾达编写的计算伯努利数的程序

当然，艾达的“第一位程序员”名号是有争议的，因为这些编程思想显然来自巴贝奇本人，巴贝奇在设计机器时，肯定也构想过运算程序。但艾达确实想到了某些比巴贝奇更多的东西，那就是分析机的潜力。巴贝奇始终只是把分析机当作一台数学工具，而艾达认为其意义远不限于数学，她认为诸如诗歌和音乐等任何事物也都可以成为分析机的计算对象。

2. 二战与现代计算机

巴贝奇的设想太过超前，在当时并没有市场需求，而且完全依靠机械齿轮的计算机成本高、能耗大、速度慢，即便建成也未必找到用武之地。

对计算机的需求是在20世纪的两次世界大战中浮现出来的，特别是第二次世界大战，直接促成了现代电子计算机的问世。

首先是在无线电报成熟之后，军队普遍通过无线电传达情报和指令。但由于无线电信号是开放的，容易被敌军捕捉，这就促生了“密码学”的发展。

德国人仰仗精密的恩尼格码密码机（图14.18）传递军事讯息，信息被密码机自动转换成加密编码后发出，接收方也需要用密码机来解码才能够读懂信息。同盟国在努力破解德国的密码技术时，需要大量的自动化计算，这就推动了计算机的发展。

图 14.18　德国的恩尼格码密码机

其次，世界大战展现出现代科技的狰狞面相，最先进的科学和技术被用于制造大规模屠杀人类的武器，改变了战争的面貌。

古代战争是在平面上打的，军队从地面上推进。在近代，有了火炮等高科技的远程武器，但人们也可以预先把不同仰角与射程对应好，炮兵估测完与敌军的距离，就可以迅速调整火炮进行轰击。

但在一战时，飞机的参战改变了战争的形式，在二战时，飞机进一步普及，高空成为最关键的战场之一，再加上德国在1939年率先发明了导弹，使得战争趋于立体化、复杂化。

从理论上讲，高射火炮仍然可以打到飞机、拦截导弹，因为根据牛顿力学足以计算出正确的弹道。但问题是，计算的速度跟不上了。如果还依赖士兵用望远镜估测敌军方位，然后再回过头来计算抛物线，算完之后再人工指挥调整火炮，导弹早就炸到头上了。

雷达的发明大大强化了索敌的范围，但更关键的问题是必须要在“索敌—计算—发射”这三个环节都实现自动化，这就要求机器能够在短时间内汇总并计算复杂的数据，并且能够有效控制各种武器作出即时反应。

维纳就是在二战期间加入了美国军方的研究项目，战后提出了“控制论”的思想。他认为，机械和生物一样，都需要控制其机体和环境，而所谓控制，无非就是输入和输出信号的交互过程，“通信”不仅是人与人之间的外在活动，更是任何生物体或机械的内在的存在方式。维纳把机器控制的问题转化为信息处理的问题，并且提出了类似“人工智能”的概念，他认为将来机器会要求我们像理解人那样理解它们。

最后，还有原子弹这样的大型研发工程，要求海量的计算，也推动了对计算机的需求。

在上述新环境、新需求下，电子计算机就应运而生了。

最早发展起来的是所谓“机电计算机”，它们并未使用真空电子管，而是采用电路控制的机械继电器作为逻辑单元，虽然依靠电力但本质上还是由无数机械开关进行控制。

1941 年，德国人制造的 Z3（图 14.19）是世界上第一台实用的可编程的全自动数字计算机，包含 2000 个继电器，但因为经费不足而没有发挥作用，后被炸毁。

图 14.19　Z3（复制品）

盟军在1943年建造的巨像计算机（图14.20）在二战中发挥了作用，它是为了破解德军的洛伦兹密码机（比恩尼格码密码机更高端，专用于指挥系统）而打造的。巨像计算机是第一台全电子的计算机，使用了真空管作为逻辑单元，但它不是图灵完备的，只能通过面板上的数十个开关进行有限的“编程”，数据则通过打孔纸带输入。

图14.20　巨像计算机

1944年的哈佛马克I号（图14.21）是受到分析机影响的机电计算机，用途广泛（但也不是图灵完备的），冯·诺依曼曾借用它为曼哈顿计划提供协助。

图14.21　哈佛马克I号

我们熟悉的ENIAC（图14.22）是第一台通用的（图灵完备的）全电子的计算机，全称叫电子数字积分计算机。由美国军方赞助，从1945年开始运行，主要用于弹道计算，也参与过核武研发。

同年，冯·诺依曼提出“存储程序通用电子计算机方案”，确立了现代计算机的“冯·诺依曼结构”，即运算器、控制器、存储器、输入设备、输出设备，奠定了电子计算机的基础。

图 14.22 ENIAC（注意在早期计算机照片中女性出镜率非常高）

3. 图灵机

上文一直都没有明确解释究竟何谓“图灵完备”，那么图灵完备或图灵机究竟是什么意思呢？电子计算机不只是机械工艺和电子科学的集大成之作，同时更凝聚了数学和哲学领域的思想成就。所谓“图灵机”其实是一个纯粹的数学概念。但由于这一数学概念不太容易理解，所以我放到最后才略加说明，觉得枯燥的读者可以直接跳过。

之前提到，布尔的逻辑代数影响了计算机的发明，逻辑代数把逻辑理解为代数运算，用数值 0 和 1 代表“假”与“真”。后来，弗雷格提出“概念文字”，构建公理化的形式语言系统。包含是、非、有、无、与、或之类范畴的逻辑命题，全都可以被符号化而翻译为各种“等式”，并通过少数几条公理推演出这些命题的对错。

设计一个形式语言系统，需要包括以下几点：有限的符号集、语法规则、若干公理和演算规则。对于一个形式系统来说，有“一致性”和“完备性”两项大要求。所谓一致性，是要求这个体系不能推演出相互矛盾的两条命题，而所谓完备性，是指任何一条合乎语法规则的命题，都应该能够从公理中推演出来要么为真要么为假。

弗雷克发展起来的“一阶逻辑”系统同时符合一致性和完备性的要求，随后逻辑主义者希望更进一步，把整个数学的大厦建立在形式逻辑之上。通过集合论的语言，数学命题也被还原为一个形式系统，那么这个形式系统是一致且完备的吗？

学者们开始了构建和证明，但屡屡受挫，罗素悖论让人们开始恐慌，而哥德尔最终给出致命一击：著名的“哥德尔不完备性定理”，证明了只要一套形式语言系统包含整个自然数及其四则运算的系统，那么它要么是不一致的，要么是不完备的。

哥德尔的证明使用了一个巧妙的办法，即“哥德尔编码”，他把形式系统中的（有限的）每一个符号依次对应于一个自然数，比如“=”=5，“0”=6，“(”=8、“)”=9，等等。然后每一个由符号组成的语句就翻译为一系列数字的排列，比如其第1个符号是3，第二个符号是7，第三个符号是5……然后再把自然数中所有素数排列起来，第1个素数是2，第二个素数是3，第三个素数是5，等等。最后，我们把每一个素数都乘以它所对应位置的符号数的幂次，再一并乘起来，就得到了一个“哥德尔数”。

举例来说，“0=0”这样一个等式，包含3个符号，第1个是0，对应于6；第2个是=，对应于5；第3个还是0，对应于6。那么我们找到第1、2、3个素数（2、3、5），对应乘幂，就得到：

$$2^6 \times 3^5 \times 5^6=243000000$$

这样一来，形式系统中的每一条语句，都一定能对应为一个自然数（比如243000000），而不同的语句所对应的一定是不同的自然数。

在这套编码的巧妙之处在于，只要形式语言系统包含自然数系统，那么这个语言中的每一语句所对应的自然数同时也属于这一语言内部。最后，哥德尔构造了一个巧妙的自我嵌套，证明了完备性必将导致不一致。

我这里当然不再深入展开哥德尔的论证，但之所以讲到这里，是因为这正是图灵机的直接来源。

图灵在1936年发表了论文“论可计算数及其在判定问题上的应用”，基于哥德尔的论证展开讨论，重新定义了计算概念。

在形式语言中，“证明”其实就变成了“计算”，完备性实质上指的就是这一系统内部的每一合法命题都是可计算的。但问题是，究竟什么是

"计算"呢？

人类在论证或计算时，经常会思维跳跃，比如"显然""易证""同理""综上可知"等，都是人类常用的词汇。但是，一个严谨的计算或论证，显然不应包含这些暧昧的过程，而是每一步之间都应该刻板、机械地进行。

图灵认为，机械计算就是让机器能够自动进行的计算，于是，图灵设计了一台虚拟机器，即"图灵机"，把可计算性定义为"可被图灵机计算"。

这台机器试图模仿人类在进行计算时的思维方式，但又排除了人类思维的暧昧性。图灵认为，人在计算时，思维是线性的，每一阶段只盯着有限的一小块事情，然后在阶段性计算之后转向另一块东西，在每一阶段的行为，只取决于两个方面，一是个别被注意的符号，二是一定的心灵状态。

因为计算过程是线性的，我们可以把计算的对象和计算的结果统统都写到一张一维的纸条上。由于所有符号都可以被编码为自然数，所以这张纸条上有且仅有数字，换成二进制的话就是一条只有 0 或 1 的纸条。理想的图灵机包含一条无限长的纸带（图 14.23）。

图 14.23　图灵机示意模型

每一个时刻有且仅有一个纸条上的位置被注意，机器首先读取这一位置的数字，然后经过计算，决定在这个位置上写下另一个数字（或不变），然后就转向另一个位置（左移或右移），切换成另一个心灵状态（或不变）。

而所谓心灵状态，也可以表达为一串数字，这串数字由一系列四元数组成，每组四元数表达了一套读取和操作的程序："读—写—转—切"。例如（1，1，-1，3）这一组四元数表示的意思是：若读取到1，则仍写下1，然后退后1格，切换到第3种心灵状态再继续读取。（0，1，0，0）则表示如果读取到的是0，则擦掉改写成1，然后停止不动，完成计算。

一系列有限的心灵状态就构成了一种计算程序。要注意，这些四元数组仍然可以全部编码为数字，写在一条纸带上。

这样一来，图灵也完成了一个巧妙的嵌套，因为写着程序的纸带也可以随时变成作为数据的纸带，同一串数字X，既可以用作程序，也可以用作数据。那么我们就可能通过"程序X"来计算"数据X"。

图灵把完备性问题被转换为"停机问题"，也就是说，当我们用任意程序X去计算任意数据Y的时候，能否预先判定它是否会"停机"（得出最终结果）？借助形如"X计算X"的自相嵌套，图灵巧妙地论证了停机问题无解。

在这一深奥而巧妙的数学证明中，建构的计算机器，正是后来电子计算机的理论原型。当我们说一台机器或一套语言是"图灵完备"的，那就是说它给出的计算完全等价于这个"图灵机"，一台图灵完备的计算机算出什么结果，图灵机也应当算出同样的结果，反之亦然（更准确地说，实际的电子计算机都是阉割版的图灵机，因为不存在"无限长的纸带"，计算机只有有限的内存）。

我在这里讲那么多，并不想做数学史的科普，关键在于，从哥德尔到图灵，他们把信息时代的精神推演到极致——打破实体和信息的界限。机器、程序和数据三位一体，本质上都是数字。在机械计算器的时代，"用计算器计算计算器"是神经错乱的说法，但现在，用程序编写程序早已是家常便饭。

在古代人眼中，面和体都是不能放在一起计算的，诸如 $x^3+x^2=x$ 这样的算式都是不可理解的。但在信息时代，所有的边界消融于数字之间。

第十五讲　互联网

1. 冷战下的阿帕网

互联网不是“一项”技术，而是无数技术环节的整合。但在某种意义上，它又是一种典型的技术，因为任何所谓技术，其实都不是孤立的，火车不只是火车头，电灯不只是灯泡，每一种技术都牵连着一整套生态系统。

一种技术就好比一个物种那样，其生存空间由各自的“生态位”所决定，嵌入整个地球的生态系统之内。而仍然方兴未艾的互联网生态系统尚未稳定下来，我们仍处于某种生态剧变的氛围内。

在互联网兴起和壮大的过程中，我们可以注意到不同立场的人们提出的不同需求，互相博弈之间塑造着互联网的方向。和其他技术一样，互联网并非完全中立的工具，但也和其他技术一样，它的价值偏向并非铁板一块，而是体现为多重诉求的综合。我们将看到，互联网至少包含以下多条相互交错的立场：

军方：控制、效率

学者：合作、共享

黑客：自由、挑战

商人：营利、广告

民众：社交、游戏

首先，互联网是冷战的产物，发端于美国军方的需求。1957 年，苏联率先发射卫星，这就意味着能把核弹头打到地球上的任何地方，美国人警醒于在高端科技上落后于苏联的危机，立刻决定加大对军事科技的支持力度。

1958 年，艾森豪威尔建立了国防高级研究计划署（DARPA/ARPA），专门支持相关的科研项目。

在核战阴影之下，有一项课题很快提上了议程，那就是当己方的军事指挥中心已经被核武器打掉之后，如何维持指挥系统继续运转？

1962 年巴兰（Paul Baran）接手了兰德公司与美国空军的这一研究课题："战争下通信指挥系统的保护方案"。巴兰的解决方案是"分布式网络"。他提出"分块交换"的概念，把数据拆分成一小包一小包来传递，每一包的传递都不需要经过某个中央枢纽，任何节点都可以帮忙传递给下一个节点，只需要保证终点相同即可。这样，信息传递的容错性和可靠性就大大提升了。"数据包"和"分布式网络"的思想也构成了后来互联网的基础。

在 1962 年至 1964 年主持 ARPA 下属"指令与控制项目"的利克莱德（Licklider）也为互联网奠定了基础。在他入主后，该项目被改名为"信息处理技术办公室"。

利克莱德是心理学家出身，他认为借助机器交流将比面对面交流更加有效，因而转向了计算机信息处理研究。他在 ARPA 期间（1963 年），提出了星际网络（Intergalactic Computer Network）的设想，构想了一种向所有人开放的交流网络，希望所有人都可以共享计算资源，并预测人们将按兴趣而非地域组织起来。

虽然星际网络过于超前，但在他的主持下，申请到大笔资金来支持相关的信息网络研究课题，聚拢了一大批来自麻省理工、斯坦福、加州大学洛杉矶分校、加州大学伯克利分校和相关软件公司的研究者们。

最终，互联网的前身阿帕网（ARPANET）在 1966—1969 年之间信息处理办公室的主持者泰勒（Bob Taylor）手下完成了。虽然产生于军方机构，也得益于军事课题，但其实当时 ARPA 是一个氛围相对自由宽松的机构，主持者们往往都是临时客串，例如利克莱德受邀时谈好条件只干两年就走，其他研究者更不是全职参与，而是通过课题资助联系各校学者。学者们更多还是出于学术本身的目的而不是满足军方要求而投身研究的。因此，最终促成泰勒架设阿帕网的初衷，其实是要尽可能加强散居于美国各地的学者们之间的即时联系和资源共享，战时通信问题反倒已被淡化了。

另外，阿帕网不是互联网的唯一前身，在同时还有许多网络被发展起来，例如在英国国家物理实验室建立的 NPL 网，密歇根教育研究信息三合会（Michigan Educational Research Information Triad）建立的 Merit 网，法国的 CYCLADES，等等。各家大型公司（主要是邮政公司）也各自组建起内部网络传递商业信息。

2. 互联网及其应用

所谓互联网（Internet），指的是“网络之间”的网络。ARPA 的卡恩和斯坦福的瑟夫在 1974 年提出的 TCP/IP 协议正是为了解决各种网络之间的互通问题。

TCP 协议规范信息的格式，保证信息的可靠性；IP 协议则负责分配“地址”，让每一个节点在网络中有唯一的标识。

他们还提出了网关的概念，即每一个内部网络都通过一扇“门”（网关）向外部连接，网关把内部的信息格式翻译为通用的格式向外传递，并反过来把外界的信息转递到内部的特定地址。

1975 年运行了双节点测试，1977 年三节点测试成功。如果说三点成网的话，互联网的元年应该就是 1977 年了。

在若干实验版本之后，1981 年公布了成熟的 IPv4 协议，很快就被美国国防部采纳，切换了阿帕网的协议。到 1986 年，美国国家科学基金会用 TCP/IP 协议连接了 6 台超级计算机免费开放，组成 NSF 网，推动了 TCP/IP 协议的流行。

互联网，包括更早的局域网，最主要的应用大概就是电子邮件了。原则上说，在不同终端之间互发信息就是计算机网络最初的意义，不过，汤姆林森（Ray Tomlinson）在 1971 年创造了用“@”分隔用户名和主机名的邮箱格式，算得上是电邮之父了。

另一种早期的网络应用是 BBS（公告栏系统），不过这一应用和上述这些网络都没有关系，而是在民用电话网中发展起来的。

在 1978 年，大雪纷飞的芝加哥，一套叫作 CBBS（Computerized Bulletin Board System）的系统建立起来了（图 15.1）。主持人向公众公布自家的电话号码，任何人都可以拨入电话并通过调制解调器收发信息，读取公告板并发布新帖。

```
       TERMINAL NEED NULLS?  TYPE CTL-N WHILE THIS TYPES:

            ***   WELCOME TO CBBS/CHICAGO   ***
  ***  WARD AND RANDY'S COMPUTERIZED BULLETIN BOARD SYSTEM  ***


-----> CONTROL CHARACTERS ACCEPTED BY THIS SYSTEM:

       DEL/RUBOUT  ERASES LAST CHAR. TYPED (AND ECHOS IT)
       CTL-C       CANCEL CURRENT PRINTING
       CTL-K       'KILLS' CURRENT FUNCTION, RETURNS TO MENU
       CTL-N       SEND 5 NULLS AFTER CR/LF
       CTL-R       RETYPES CURRENT INPUT LINE (AFTER DEL)
       CTL-S       STOP/START OUTPUT (FOR VIDEO TERMINAL)
       CTL-U       ERASE CURRENT INPUT LINE

----------------------   BULLETIN   ----------------------
          PROBLEMS WITH THE SYSTEM??
HARDWARE: RANDY (SUESS), (312) 935-3356
SOFTWARE: WARD (CHRISTENSEN), (312) 849-6279
----------------------   BULLETIN   ----------------------
)
----------------------   BULLETIN   -   -----------------
--->  ALL USERS:  BE FAMILIAR WITH MESSAGES 3, 6, AND 60

                         N O T E
-----> AS OF 4/8/78, MESSAGES PACKED AND RENUMBERED <-----
----------------------   BULLETIN   ----------------------
```

图 15.1　CBBS 的登录界面

由于普通民用电话同时只能接听一个电话，用户必须轮流拨打以查看和发布信息，在上一个访客挂断前只能干等着。即便如此，这套公告牌系统也吸引了许多人参与，也开始被人效仿。

到 20 世纪 80 年代，随着调制解调器进一步普及（图 15.2），开启了一波 BBS 热潮。1984 年一款叫作惠多网（FidoNet）的软件风靡一时，借助这一软件，用户可以离线浏览、离线撰写信息，然后在人走开之后可以自动拨打电话，自动发帖。这就避免了苦等连线的困扰。另外，惠

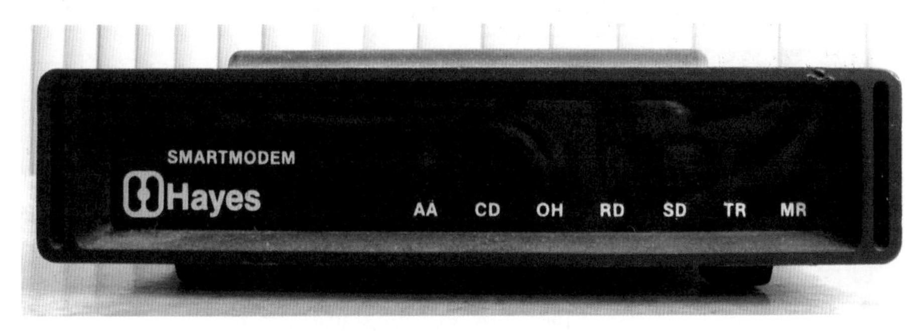

图 15.2　在 1981 年推出的新款调制解调器，速度达到 300bit/s，直连电脑，易于操作。

多网还方便了“网友”间互动，为电子邮件增加了附件功能。

在 20 世纪 90 年代，中国惠多网（CFido）在中国流行起来，各地基于电话线建立起各式各样的 BBS 社区，其中活跃着许多后来的风云人物，如马化腾就当过深圳 Ponysoft 的 BBS 站长，求伯君和雷军则曾主持珠海西线 BBS。

网络游戏也是最早被开发的应用之一。1978 年著名的文字冒险游戏 MUD（多用户地下城 Multi-User Dungeon）发布，1980 年接入阿帕网，成为网游的鼻祖。

除了以上这些重要应用之外，真正让互联网走向大众的，是由“欧洲核子研究组织（CERN）的伯纳斯·李在 1990 年前后开发起来的关键应用：万维网（WWW，World Wide Web）。

万维网有时与互联网相混淆，其实它也只是互联网的一类应用方式。它包含一整套技术环节，包括超文本传输协议（HTTP 协议）、HTML 语言、服务器程序（httpd）、浏览器和网页编辑器（World Wide Web）（图 15.3）、第一个网站（现在可以在 http://info.cern.ch/ 访问）、URL 网址格式，等等。这些都由万维网之父伯纳斯·李开发起来。

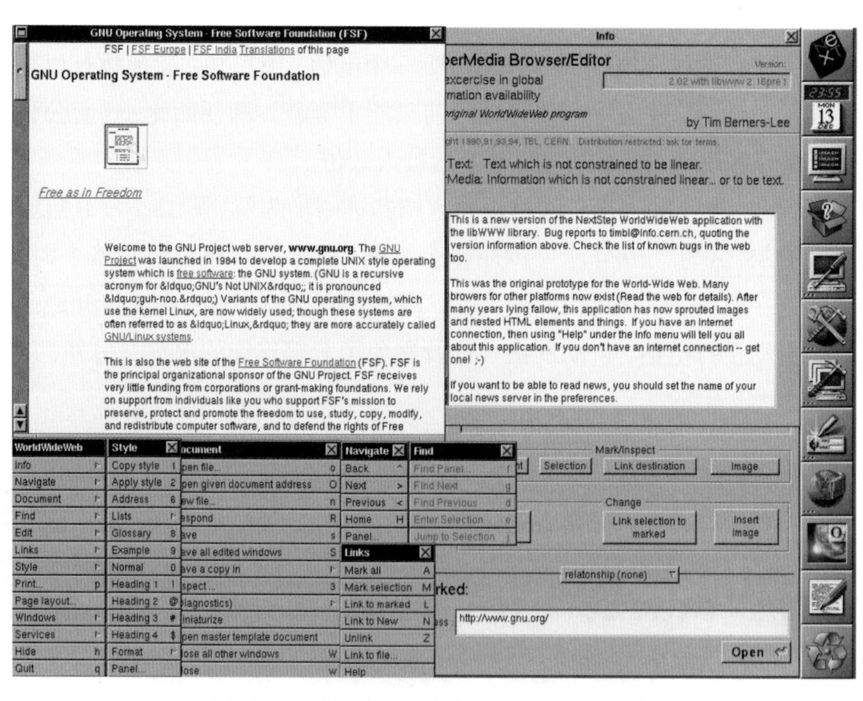

图 15.3　1993 年的 World Wide Web 浏览器

伯纳斯·李希望推动万维网普及，而不满足于坐收利润，因此他放弃了专利，转而致力于推动把协议标准化。1994 年从 CERN 离职后，他建立万维网联盟（W3C），成为互联网领域最重要的标准化组织之一。

互联网早期主要依靠政府和学术界推动，公共服务、资源共享是其主要旨趣，与商业化格格不入。例如美国国家科学基金会的 NSF 网规定了只能用于"公开的学术交流"，不允许其他用途。

到 1990 年，Merit 联盟成立公司 ANS 向国家科学基金会提出承包 NSF 网的运营，承诺在保持学术用途非赢利性的同时额外建设新的 ANS 网，分担 NSFNET 流量并允许商业化。但这一举措两头不讨好，一些人指责 ANS 利用政府的人气和资源为自己牟利，而另一些消费者则认为自己为 ANS 网支付的上网费是为了享受服务而不是纳税的一部分，就不该把自己的消费拿去补贴政府网络。最后直到 1995 年，美国政府下决心完全退出，让互联网能够名正言顺地商业化。

1995 年也被称作互联网商业化元年，亚马逊和 eBay 这两家影响最大的电子商务网站都在同年开张，而网景公司上市纳斯达克，成为第一支知名的互联网概念股，当天就从美股 28 美元涨到 75 美元，开启了整个"互联网泡沫"的大幕。

但与此同时，反商业化的力量也始终强大，在互联网早期就形成的黑客文化并未消亡，1983 发起的自由软件运动和随后的开源软件运动推动了互联网的发展。今天，互联网服务器的搭建经常使用的 LAMP 软件包，即 Linux（操作系统），Apache（网页服务），MySQL 或替代者（数据库）和 PHP 或替代者（编程语言），外加用 WordPress 内容发布系统建立网站，以上这些都是开源软件。根据 w3techs.com 的统计，2019 年世界上有 34.1% 的网站使用 WordPress 建站。

新千年之后，互联网走向了所谓的 web2.0 时代，社交网络成为主角，这一段历史讲的人很多，我们都比较熟悉了，在此不再赘述。值得强调的是，在新近的发展趋势中，互联网的发展仍然呈现出不同立场相互争锋的格局，例如匿名化和实名化之争、免费共享与版权保护之争、大数据收集和隐私权之争、全球化与地方保护之争，等等。

延伸阅读

胡翌霖：《过时的智慧——科学通史十五讲》，上海教育出版社，2016年

——我早前的著作，其中印刷术和力学两章都在本书中有所对应，在本书中相应的篇幅更短，写得更简洁一些。

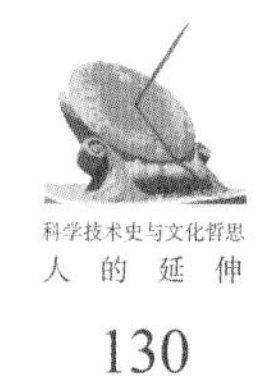

芒福德：《技术与文明》，陈允明等译，中国建筑工业出版社，2009年

——芒福德是最经典和最重要的技术史家，在他笔下，技术不再是文化史或文明史的一个对象或课题，而是和文明相并列。换言之，芒福德的技术史不是"属于"文明史，而是"就是"文明史。在芒福德那里，技术不再只是被当作客观的器物而看待，比起技术物的物质结构而言，芒福德更注重它们的文化结构和社会功能。

中山秀太郎：《技术史入门》，姜振寰译，山东教育出版社，2015年

——一本优秀的技术史入门读物，篇幅适中，可读性强。

克劳利、海尔主编：《传播的历史：技术、文化和社会》，董璐等译，北京大学出版社，2018年

——从符物、文字到互联网，本书由各领域知名学者的文章结集而成，风格不一，但都值得一读。本书中讨论文字、印刷机、电报、互联网等媒介技术的相关章节，都可以参考此书。

赫拉利:《人类简史》,林俊宏译,中信出版社,2014年

——这本书非常有名,不用我多宣传了。当然,对赫拉利的观点也有许多争议,但至少作为启发性的普及读物,这本书是非常优秀的。

戴蒙德:《枪炮、病菌与钢铁》,谢延光译,上海译文出版社,2014年

——戴蒙德视角独特,语言引人入胜而又令人信服。以上两本书都不是专门讲技术史,但在石器时代、农业革命和工业革命等话题中都有独到洞见,值得参考。

麦克卢汉:《理解媒介》,何道宽译,译林出版社,2011年

——媒介哲学家麦克卢汉天马行空的思想集成,其中口语、书写、时钟、印刷、电报等章节都可以与本书联系。

芒福德:《城市发展史》,宋俊岭等译,中国建筑工业出版社,2005年

——芒福德不止开创了技术史的独到传统,他更著名的工作是城市史和城市文化研究,他的城市发展史已经成为经典。

里德:《城市的故事》,郝笑丛译,生活·读书·新知三联书店,2016年

——关于城市史的一部简明而有趣的通俗读物。

沃尔特·翁:《口语文化与书面文化》,何道宽译,北京大学出版社,2008年

——关于口语文化及其与书面文化的差异的经典研究著作,可读性也很强。

施耐德:《古希腊罗马技术史》,张巍译,上海三联书店,2018年

——内容略嫌枯燥,但在中文世界这一主题的著作非常难得。

哈桑等:《伊斯兰技术简史》,梁波、傅颖达译,科学出版社,2010年

——难得的阿拉伯技术史著作。

埃弗斯:《时间简史》,陈晓丹、安晓梅译,中信出版集团,2018 年

——不是霍金那本名著,只是中译本书名故意蹭点热度。主题是关于历法和钟表等关于时间的事物的历史。

爱森斯坦:《作为变革动因的印刷机》,何道宽译,北京大学出版社,2010 年

——探讨了印刷机与文艺复兴、宗教改革与科学革命的关系,观点鲜明、旁征博引。

戴克斯特豪斯:《世界图景的机械化》,张卜天译,商务印书馆,2015

——关于牛顿之前西方力学史的经典著作,语言非常精炼(因此也比较枯燥)。对他的结论我不太认同,但相关的历史梳理非常全面。

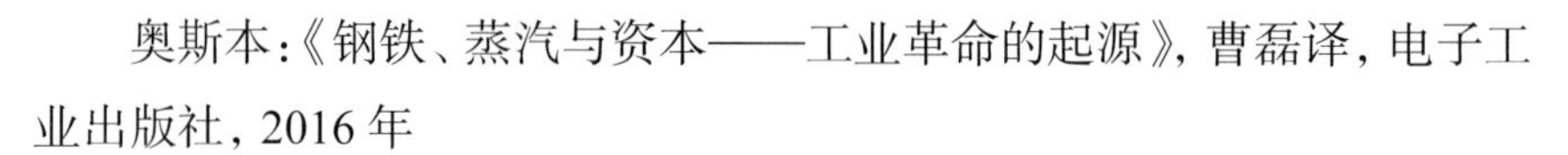
奥斯本:《钢铁、蒸汽与资本——工业革命的起源》,曹磊译,电子工业出版社,2016 年

——关于工业革命来龙去脉的读物,还算不错。

哈里斯:《纺织史》,李国庆等译,汕头大学出版社,2011

——难得的纺织通史读物,从五千年前写起,图文并茂地介绍了各文化各地域的不同纺织风格,也梳理了纺织业相关技术的沿革历程。技术史方面部分翻译可能不太专业。

索尔谢姆:《发明污染——工业革命以来的煤、烟与文化》,启蒙编译所译,上海社会科学院出版社,2016 年

——污染问题也是伴随着工业时代而来的巨大"阴影",在本书中涉及较少,但要理解工业革命的意义就不能忽略其负面影响。这本书视角独特,反映了"污染"的观念如何在市民、工人、科学家与资本家的一次次斗争与扯皮中逐渐建构起来的,我们能够从中读到人类在应对污染问题时为何总是如此迟缓。

希弗尔布施:《铁道之旅——19 世纪空间与时间的工业化》,金毅译,上海人民出版社,2018 年

——非常独特的一部铁路“思想史”，还原了当初旅客们对铁路的体验，铁路并不总是被理解为一种效率更高的交通工具，而是对交通和旅行的意义进行了某种重构。

大卫·E.奈:《百年流水线》，史雷译，机械工业出版社，2017年
——工业流水线的历史，侧重于福特之后的进一步发展。

格雷克:《信息简史》，高博译，人民邮电出版社，2013年
——内容丰富，可读性强，关于电报、计算机和互联网的部分都与本书有关。

戴维斯:《逻辑的引擎》，张卜天译，湖南科学技术出版社，2018年
——数学和逻辑学中的计算机前史。

图片说明

本书插图大都来自维基百科（wikipedia.org），在遵守版责规定的情况下可以免费使用，下面注明这些图片的出处，相关信息和版权协议可以进入相应的链接获取。

大部分图片的来源链接皆为 http://commons.wikimedia.org/wiki/File: 文件名。例如“泰勒斯”一图文件名为 Thales.jpg，则其来源链接为 http://commons.wikimedia.org/wiki/File:Thales.jpg 在这种情况下下表只注明文件名，其他情况会另行注明。

图片序号按第 x 章，第 y 张图排列。如图 4.2 表示第四章出现的第 2 张图。

版权协议中 PD= public domain，即属于公有领域，任何人都可以自由使用；CC BY 表示使用者需要注明作品来源，在此情况下可以自由传播和改编。CC BY-SA 表示使用者需要注明作品来源就可以自由传播，但如果改编，改编后的作品也必须沿用此版权协议，即允许其他人也能够以相同方式使用。

贡献者一栏标注了 CC 协议图片的贡献者（见下表）。

图号	文件名	版权协议	贡献者
1.1	BonoboFishing02_cropped.jpeg	CC-BY-SA	Mike R, Fama Clamosa
1.2	Homo-Stammbaum,_Version_Stringer-en.svg	CC-BY-SA	Chris Stringer, Conquistador
1.3	Schöniger_Speer_Berlin_Ausstellung_Bewegte_Zeiten.jpg	CC-BY-SA	Henning Haßmann
1.4	Wells_Reindeer_Age_articles.png	PD	H. G. Wells
1.5	Venus_de_Brassempouy.jpg	PD	
	Venus-de-Laussel-vue-generale-noir.jpg	PD	
	Venus_of_Willendorf_frontview_retouched_2.jpg	CC-BY-SA	MatthiasKabel
1.6	Lascaux_painting.jpg	CC-BY-SA	Prof saxx
1.7	Rhinos_Chauvet_Cave.jpg	PD	
1.8	Os_d'Ishango_IRSNB.jfif	CC-BY-SA	Ben2
2.1	Biface_(trihedral)_Amar_Merdeg,_Mehran,_Ilam,_Lower_Paleolithic,_National_Museum_of_Iran.jpg	CC-BY-SA	Nationalmuseumofiran
2.2	Hache_222.1_Global_fond.jpg	CC-BY-SA	Didier Descouens
2.3	Evolution_of_temperature_in_the_Post-Glacial_period_according_to_Greenland_ice_cores.jpg	CC-BY-SA	Mapping Post-Glacial expansions: The Peopling of Southwest Asia
2.4	All_palaeotemps.svg	CC-BY-SA	Glen Fergus
2.5	Centres_of_origin_and_spread_of_agriculture.svg	CC-BY-SA	Joe Roe
2.6	Maize-teosinte.jpg	CC-BY	John Doebley
2.7	Oryza_rufipogon_-_National_Taiwan_University_-_DSC01108.jfif	PD	Daderot
2.8	Hanging_Gardens_of_Babylon.jpg	PD	
2.9	Le_Jardin_de_Nébamoun.jpg	PD	
2.10	FuneraryModel-Garden_Metropolitan Museum.png	CC-BY-SA	Keith Schengili-Roberts
2.11	Ficus_carica0.jpg	CC-BY-SA	Kurt Stüber
2.12	Masaccio-TheExpulsionOfAdamAndEveFromEden-Restoration.jpg	PD	Masaccio(1401—1428)

（续表）

图号	文件名	版权协议	贡献者
2.13	Catal_Hüyük_EL.jfif	CC-BY-SA	Elelicht
2.14	All_Gizah_Pyramids.jpg	CC-BY-SA	Ricardo Liberato
2.15	PyramidOfTheMoonTeotihuacan.jpg	PD	Ineuw
2.16	Pyramide_Güimar.jpg	CC-BY-SA	Pedro ximenez
2.17	PeruCaral01.jpg	CC-BY-SA	Håkan Svensson Xauxa
3.1	Uruk_King-Priest_3300_BCE_portrait_detail.jpg	CC-BY-SA	ALFGRN
3.2	O.1054_color.jpg	CC-BY-SA	U0045269
3.3	Accountancy_clay_envelope_Louvre_Sb1932.jpg	PD	
3.4	P1150884_Louvre_Uruk_III_tablette_écriture_précunéiforme_AO19936_rwk.jpg	CC-BY-SA	Mbzt
3.5	Sumerian_26th_c_Adab.jpg	PD	
4.1	古希腊建筑工地 .jpeg	其他	来自中国科技馆，见 http://tech.ifeng.com/a/20171103/44744285_0.shtml
4.2	Periaktos_-_Deus_Ex_Machina,_5th_century_BC_(model).jpg	CC-BY-SA	Gts-tg
4.3	Parigi_griffe.jpg	PD	
4.4	Aeolipile_illustration.png	PD	
4.5	Heron_-_automatische_Tempeltür.png	PD	
4.6	e9c724eeb5636d1c1c1a2c2e85d40377_XL.jpg	其他	来自 https://www.ancientgreektechnology.gr
4.7	Heron's_Windwheel.jpg	PD	
4.8	NAMA_Machine_d'Anticythère_1.jpg	CC-BY	Marsyas
4.9	AntikytheraMechanismSchematic-Freeth12.png	CC-BY-SA	SkoreKeep
4.10	Pont_du_Gard_BLS.jpg	CC-BY-SA	Benh LIEU SONG
4.11	Roemerkran.jpg	CC-BY-SA	Qualle
4.12	Al-Jazari_-_A_Musical_Toy.jpg	PD	
4.13	Al-jazari_elephant_clock.png	PD	
4.14	Elephant_clock,_Dubai.jpg	CC-BY-SA	Jonathan Bowen

（续表）

图号	文件名	版权协议	贡献者
4.15	Fourteenth_century_windmill.png	PD	
4.16	Kuremaa_mõisa_tuuleveski.jpg	CC-BY-SA	Ivar Leidus
4.17	Braine-le-Château_JPG02.jpg	CC-BY	Jean-Pol GRANDMONT
5.1	Ancient-egyptian-sundial.jpg	PD	
5.2	Beijing_2006_1-14.jpg	CC-BY-SA	G41rn8
5.3	四库全书 香乘 卷二十二 百刻篆香图	PD	[明]周嘉胄
5.4	Clock_Tower_from_Su_Song's_Book_desmear.jfif	PD	
5.5	Behaims_Erdapfel.jpg	CC-BY-SA	Alexander Franke
5.6	Ambrogio_Lorenzetti_002-detail-Temperance.jpg	PD	
5.7	Loch_à_plateau.jpg	CC-BY-SA	Rémi Kaupp
5.8	Abbot_Richard_Wallingford.jpg	PD	
5.9	Astronomical_Clock_(8341899828).jpg	CC-BY	Steve Collis
5.10	Bund_at_night.jpg	CC-BY-SA	Mr. Tickle
6.1	European_Output_of_Manuscripts_500–1500.png	CC-BY-SA	Tentotwo
6.2	European_Output_of_Books_500–1800.png	CC-BY-SA	Tentotwo
6.3	Holzspindelkelter_von_1702.jpg	CC-BY-SA	Gun Powder Ma
6.4	Featherbed_Alley_Printshop_Bermuda.jpg	CC-BY	Aodhdubh at English Wikipedia
6.5	Gutenberg_Bible,_Lenox_Copy,_New_York_Public_Library,_2009._Pic_01.jpg	CC-BY-SA	NYC Wanderer (Kevin Eng)
6.6	Gutenberg_bible_Old_Testament_Epistle_of_St_Jerome.jpg	PD	
6.7	Illuminated_letter_U_between_1210_and_1230_..jfif	PD	
6.8	Theorice_Novae_Planetarum.jpg	PD	
7.1	Descartes_Aetherwirbel.jpg	PD	
8.1	Heronsball_als_Kupfertreibarbeit.jpg	CC-BY-SA	Josef Still

（续表）

图号	文件名	版权协议	贡献者
8.2	Hero_of_Alexandria,_Automata,_Venice,_Gr._516.jpg	PD	
8.3	Hero_of_Alexandria,_Pneumatica,_Venice,_Gr._516.jpg	PD	
8.4	Architonnerre.jpg	PD	
8.5	Leonardo_da_Vinci_helicopter.jpg	PD	
8.6	Design_for_a_Flying_Machine.jpg	PD	
8.7	Leonardo_tank.jfif	PD	
8.8	NSRW_Torricelli's_experiment.jpg	PD	
8.9	Magedurger_Halbkugeln_Luftpumpe_Deutsches_Museum.jpg	CC-BY-SA	LepoRello
8.10	Magdeburger-Halbkugeln.jpg	PD	
8.11	ReplIca_of_the_Hooke-Boyle_Air_Pump.jpg	CC-BY-SA	Kinkreet
8.12	An_Experiment_on_a_Bird_in_an_Air_Pump_by_Joseph_Wright_of_Derby,_1768.jpg	PD	
8.13	Papin_cooking_pot-CnAM_1630-1-IMG_6614-black.jpg	CC-BY-SA	Rama
8.14	Papin's_digester.gif	PD	
8.15	Acta_Eruditorum_-_II_fisica,_1689_–_BEIC_13398218.jpg	PD	
8.16	Savery-engine.jpg		
8.17	Newcomen6325.png	PD	
8.18	Vuurmachine-fire.engine-jan.paauw-leiden-1774.jfif	PD	Jane023
8.19	Watt7783.png	PD	
8.20	The_Yellow_Kettle_-_geograph.org.uk_-_1614380.jpg	CC-BY-SA	Thomas Nugent
8.21	trb286.jpg	PD	Engraved by James Scott after a picture by Robert William Buss.
8.22	M801532_Watt-and-the-Tea-Kettle.jpg	PD	Marcus Stone

（续表）

图号	文件名	版权协议	贡献者
8.23	wattkattle.jpg	PD	birmingham library
8.24	Flagonb.jpg	CC-BY-SA	Wehwalt
9.1	Triangular_trade.svg	CC-BY-SA	Sémhur, Al MacDonald, Jon C
9.2	Shuttle_with_bobin.jpg	CC-BY-SA	Audrius Meskauskas
9.3	Paul_1758_Patent_Drawing.jpg	PD	
9.4	Cromford_1771_mill.jpg	PD	
9.5	Zeichnung_Spinning_jenny.jpg	PD	
9.6	112143-050-2A1DB20F.jpg	CC-BY	Encyclopædia Britannica（www.britannica.com）
9.7	FrameBreaking-1812.jpg	PD	
9.8	StRolloxChemical_1831.jpg	PD	
10.1	SteamEngine_Boulton&Watt_1784.jfif	PD	
10.2	Flywheel_of_the_Boulton-Watt_steam_engine_(4803665199).jpg	CC-BY	Newtown grafitti
10.3	Diolkos,_Western_End._Pic_04.jpg	CC-BY-SA	Dan Diffendale
10.4	Berlin_Technikmuseum_Holzbahn.jpg	CC-BY	LoKiLeCh
10.5	FardierdeCugnot20050111.jpg	CC-BY-SA	Photo et photographisme © Roby. Grand format sur demande
10.6	Fardier_a_vapeur.gif	PD	
10.7	Charlotte_dundas_drawing_bowie.jpg	PD	
10.8	Clermont_illustration_-_Robert_Fulton_-_Project_Gutenberg_eText_15161.jpg	PD	
10.9	Steamboat_ad_from_the_Hudson_Bee_1808.jpg	PD	
10.10	Thinktank_Birmingham_-_object_1951S00088.00008(1).jpg	CC-BY-SA	Birmingham Museums Trust
10.11	Trevithick_High_Pressure_Steam_Engine_-_Project_Gutenberg_eText_14041.png	PD	

（续表）

图号	文件名	版权协议	贡献者
10.12	Replica_of_trevithick's__Puffing_Devil__-_geograph.org.uk_-_1424283.jpg	CC-BY-SA	Chris Allen
10.13	Trevithicks_Dampfwagen.jpg	PD	
10.14	Trevithick's_steam_circus.jpg	PD	
10.15	Catch_me_who_can.jpg	PD	
10.16	Killingworth-locomotive.jpg	PD	
10.17	Stephenson-No.1-engine.jpg	PD	
10.18	Opening_Liverpool_and_Manchester_Railway.jpg	PD	A.B. Clayton
10.19	First_passenger_railway_1830.jpg	PD	
10.20	Sankey_viaduct.jpg	CC-BY-SA	Parrot of Doom
10.21	Euston_Station_showing_wrought_iron_roof_of_1837.jpg	PD	
11.1	Maudslay_screw-cutting_lathes_of_circa_1797_and_1800.png	PD	
11.2	Screw_making_machine,_1871.png	PD	
11.3	Eli_Whitney_by_Samuel_Finley_Breese_Morse_1822.jpeg	PD	
11.4	Cotton_gin_EWM_2007.jpg	PD	Tom Murphy VII
11.5	Cotton_gin_harpers.jpg	PD	
11.6	Eli_Whitney_Gun_Factory_William_Giles_Munson_1827.jpg	PD	
11.7	Safety_bicycle_1887.jpg	PD	
11.8	Good_Roads_Magazine_Vol1_No1_Jan_1892.png	PD	
11.9	Rakeman_-_First_American_Macadam_Road.jpg	PD	
11.10	Benz_Velo_1894.jpg	CC-BY-SA	Chris 73
11.11	Francesco_Guardi_-_The_Entrance_to_the_Arsenal_in_Venice_-_Google_Art_Project.jpg	PD	
11.12	Pork_packing_in_Cincinnati_1873.jpg	PD	
11.13	Ford_assembly_line_-_1913.jpg	PD	

（续表）

图号	文件名	版权协议	贡献者
12.1	A_Peep_at_the_Gas_Lights_in_Pall_Mall_Rowlandson_1809.jpg	PD	
12.2	Blessed_effects_of_gas_lights_(1814).png	PD	
12.3	Tranby_house_49_gnangarra.jpg	CC-BY-SA	Gnangarra
12.4	Drake_Well,_June_2012.jpg	CC-BY-SA	Niagara
12.5	Pieler_safety_lamp.jpg	PD	
12.6	Arc_light_and_battery.jpg	PD	
12.7	Lichtbogen_3000_Volt.jpg	CC-BY	Achim Grochowski - Achgro
12.8	Carbonfilament.jpg	CC-BY-SA	Ulfbastel
12.9	Edison_bulb.jpg	CC-BY-SA	User:Alkivar
12.10	This_poster_is_from_the_Swan_Collection_of_Tyne_&_Wear_Museums,_held_at_the_Discovery_Museum_in_Newcastle_upon_Tyne._(9672405368).jpg	PD	
12.11	Menlo_Park_Laboratory.jpg	CC-BY-SA	Andrew Balet
12.12	mpstaffsteps.jpg	其他	The Thomas A. Edison Papers Project
12.13	timesheet.jpg	其他	The Thomas A. Edison Papers Project
13.1	Chappe_semaphore.jpg	PD	
13.2	Télégraphe_Chappe_1.jpg	PD	
13.3	Chappe.svg	CC-BY-SA	Patrick87
13.4	Faragó_Judy_István_beatzenész,_mint_jelzõmatróz_egy_AN-2-es_aknásznaszád_fedélzetén._Fortepan_13598.jpg	CC-BY-SA	Fortepan
13.5	Optical_telegraph01_4484.jpg	CC-BY-SA	CBX
13.6	Murray_Shutter_Telegraph_1795.png	PD	
13.7	William_Gilbert_demonstrating_the_magnet_before_Queen_Elizab_Wellcome_V0018144.jpg	CC-BY	Ernest Board
13.8	Guericke_Sulfur_globe.jpg	PD	
13.9	Elektrisiermaschine.jpg	PD	

（续表）

图号	文件名	版权协议	贡献者
13.10	Leyden_battery.jpg	CC-BY	Flickr: Adam Cooperstein
13.11	Amperemeter_hg.jpg	CC-BY	Hannes Grobe
13.12	Sturgeon_electromagnet.png	PD	
13.13	Relay_contacts.jpg	CC-BY-SA	JA.Davidson
13.14	794px- 国际摩尔斯电码 .svg.png	PD	
13.15	DyingHercules.jpg	PD	
13.16	Cooke_and_Wheatstone_electric_telegraph.jpg	CC-BY-SA	Geni
13.17	Cooke_Wheatstone_Telegraph_2.jpg	CC-BY-SA	Wrrglla
13.18	NewYorkSun1834LR.jpg	PD	
14.1	Napier's_Bones.jpg	CC-BY-SA	Kim Traynor
14.2	Napier's_calculating_tables.jpg	CC-BY-SA	Kim Traynor
14.3	Pascaline-CnAM_823-1-IMG_1506-black.jpg	CC-BY-SA	Rama
14.4	Detail_of_the_pascaline's_carry_mecanism_-_the_sautoir.jpg	PD	
14.5	Staffelwalzeprinzipbha.jpg	CC-BY-SA	Barbarah
14.6	Leibnitzrechenmaschine.jpg	CC-BY-SA	Kolossos
14.7	Arithmometer_-_One_of_the_first_machines_with_unique_serial_number.jpg	CC-BY	Ezrdr
14.8	Mechanism_Arithmometer_1822.png	PD	
14.9	Mechanical_calculators_Keyboards.png	CC-BY-SA	Ezrdr
14.10	Babbage_difference_engine_drawing.gif	PD	
14.11	Difference_engine_Scheutz.jpg	CC-BY-SA	GENI
14.12	LondonScienceMuseumsReplicaDifferenceEngine.jpg	CC-BY-SA	Carsten Ullrich
14.13	Babbage_Analytical_Engine_Plan_1840_CHM.agr.jpg	CC-BY	ArnoldReinhold
14.14	PunchedCardsAnalyticalEngine.jpg	CC-BY	Karoly Lorentey
14.15	Analytical_Engine_(2290032530).jpg	CC-BY	Marcin Wichary from San Francisco, U.S.A.

（续表）

图号	文件名	版权协议	贡献者
14.16	Ada_Byron_daguerreotype_by_Antoine_Claudet_1843_or_1850.jpg	PD	
14.17	Diagram_for_the_computation_of_Bernoulli_numbers.jpg	PD	
14.18	Enigma.jpg	PD	
14.19	Z3_Deutsches_Museum.jpg	CC-BY-SA	Venusianer
14.20	Colossus.jpg	PD	
14.21	Harvard_Mark_I_Computer_-_Right_Segment.jpg	CC-BY-SA	Русский
14.22	Eniac.jpg	PD	
14.23	Turing_Machine_Model_Davey_2012.jpg	CC-BY	Rocky Acosta
15.1	CBBS_Login.svg	CC-BY-SA	Aeroid
15.2	Hayes_300_Baud_Smartmodem_02.jpg	CC-BY-SA	Michael Pereckas
15.3	WorldWideWeb_FSF_GNU.png	PD	

图书在版编目（CIP）数据

人的延伸：技术通史 / 胡翌霖著. — 上海:上海教育出版社, 2020.4
ISBN 978-7-5444-9535-6

Ⅰ. ①人… Ⅱ. ①胡… Ⅲ. ①技术史－世界 Ⅳ. ①N091

中国版本图书馆CIP数据核字(2020)第057722号

责任编辑　隋淑光　严　岷
封面设计　王　捷

人的延伸——技术通史
胡翌霖　著

出版发行　上海教育出版社有限公司
官　　网　www.seph.com.cn
地　　址　上海市永福路123号
邮　　编　200031
印　　刷　上海盛通时代印刷有限公司
开　　本　700 × 1000　1/16　印张 9.5
字　　数　149 千字
版　　次　2020年4月第1版
印　　次　2020年4月第1次印刷
书　　号　ISBN 978-7-5444-9535-6/N·0028
定　　价　48.00 元

如发现质量问题，读者可向本社调换　电话：021-64377165